JN078907

1次元高い世界で考える

― "この世"の難問解決のための本質的原理を考える ―

山口 富士夫

東京図書出版

目　次

プロローグ

図0-1　メイズ・ガーデン（迷路の庭）

　本書は、「２次元の困難な問題を３次元の問題に置き換えてみたらどうだろうか」とか、「われわれの存在している３次元の問題を４次元の問題として考えてみる」というように、本来の空間に対し「１次元高い世界で考える」ということを中心的主要テーマとしている。

　そして最終的には、

　　本来的には３次元の空間（われわれが存在する空間、すなわち"この世"）の困難な問題を４次元の空間の問題に置き換えるということの哲学的な意味はどういうことなのかを検討し、その結論を得る[脚注]、

7

ことを目的としている。

執筆にあたって、このことをまず確認しておきたい。

ところで図0-1は、イギリスのお城や貴族の館の庭園でしばしば見かける迷路の庭、いわゆるメイズ・ガーデン（maze garden）の写真に“鷲”を配置したものである。

人の丈を少し超すほどの高さの生垣で作られた迷路では、人にとって見えるのはほんの近傍のみで全体の風景は見渡せない。いったんそこに入ると迷路を通り抜けるには大変苦労する。イギリス人は遊びが好きな民族なのではないかと思ってしまう。お客さんをメイズ・ガーデンに案内し、彼らの困惑した姿を見て楽しんでいるのではないだろうか。

小生にも、ロンドンにあるロイヤル・オペラ・ハウスでのこんな経験がある。

オペラ・ハウスは近年、大規模な改装工事をしたが、その新装なったオペラ・ハウスでのことである。オペラの合間の休憩時間にロビーに行ってコーヒーなど飲んで一息入れてから、いざ自分の席に戻ろうとすると、その戻る経路が複雑で慌てた。その時感じたのは、これは立体化されたメイズ・ガーデンのようだということだった。上の階に至る階段が方々にあってそれが複雑さを増しているからだ。しかし、おそらくお客さんのこのような困惑を見越してのことであろう、各フロアのそれぞれの隅には係の人が立っている。その一人が自ら私のところまで出向いてくれて、困っている私を案内してくれたので助かった。案内嬢も内心は人が困っているのを見て楽しんでいるのかもしれない。

さて前述のメイズ・ガーデンの場合に戻ってみよう。これは人にとって2次元のきわめて難しい問題だ。しかし、3次元の情報、すなわち高さの情報を持つ“鷲”にとってはどうであろうか。問題はまったく単純なものとなってしまうだろう。

もう一つ、高さのもたらす有利さの例を挙げてみよう。

壟断という、『孟子』「公孫 丑 下篇」の故事からとられた日本語の熟語がある。「壟」は小高い丘のことで、壟断は丘の高く切り立ったとこ

ろ（崖）の意味を表す。この言葉は、いやしい男が高い所から市場を見下ろして、人が大勢集まっている商売に都合のよい場所を見定め、利益を独占したという故事から、"利益や権利を独り占めにする"意味に使われる。

　次元を一つ増やし、1次元高い世界から見ると物事がよく分かるようになり、困難な問題が容易化するという点では、以上挙げた二つの例は、本書の主題である「1次元高い世界で考える」を象徴的に表していると言えるだろう。

　本書は上述のような事柄に関連する諸問題について、パート1からパート4にわたり、このアイデアの発端から始めて、その数学的背景、それが直感的に関係すると考えられる分野の例について触れ、さらにこの問題の本質を哲学的に考察し、その考察のもたらす考え方の世界観などを扱っている。

　これらを以下簡単に説明しよう。

　パート1においては、本書の主題である「1次元高い世界で考える」という考え方の発端となった、図形処理工学における完全4次元同次図形処理理論の最も基本的な、最低限の事柄について解説する。

　著者はCAD（Computer Aided Design）の研究者として、図形処理工学の難問題に取り組み悪戦苦闘していた。この問題は最終的には、根本原因が割り算を実行することにあることを突き止め、割り算を排除する手法を導入することにより解決に至った。

　ところでこの解決手法を別の観点から考察してみると実は、3次元の問題を、それより1次元高い世界すなわち4次元空間（正確には4次元同次空間）で処理しているとみなせることがわかったのである。

　すなわち図形処理工学においては、2次元の問題は3次元の問題として、また3次元の問題は4次元の問題として処理することが、きわめて有効なのである。この事実が、より一般的な意味で「1次元高い世界で考える」という考え方の端緒となったのである。

パート2においては、パート1で得られた1次元高い世界で処理すると有利であるという思考法を、図形処理工学の分野に限らず、もっと広い分野にも適用できないだろうかと考えた。

　「1次元高い世界で考える」という思考法はごく自然に、直感的に、上空を飛翔する鷲の眼の広い視野がもたらす洞察力を想起させる。この頭の働かせ方の一例として優れたリーダーに求められる能力があるだろう。

　ここでは、大組織体のリーダーのあるべき条件を考えてみる。

　大組織体を効率的に効果的に動かすには、よきスタッフ（参謀）とともに、優れたリーダー（指揮官）が必要とされる。よきスタッフの養成法は比較的詳細に研究されているが（例えば、ドイツ参謀本部）、優れたリーダー養成のためのノウ・ハウとかそのための体系的研究はほとんどなく、ただ偶然の出現を待つだけなのだ。リーダーのあるべき要件が追求されねばならない理由がここに存在する。

　本書では、世界史上の優れたリーダーであるプロイセン（ドイツ）のビスマルクを例にして、視野の広さとリーダーのあるべき条件との関係に焦点を当て考察する。すなわち彼を育てた特異な国プロイセンの歴史を辿ることからはじめ、彼の関係したドイツ参謀本部について調べ、彼自身の残した歴史上の事績を辿り、ビスマルクのリーダーシップについてやや詳しく考察する。

　パート3においては、4次元同次空間の哲学的考察を行う。

　4次元同次図形処理が、従来の図形処理に比べて断然優れている秘密は、4次元同次空間に存在するからである。

　パート3の前半では、4次元同次空間をプラトン哲学のイデア論に対比させる。

　4次元同次空間は、4次元空間部分と3次元ユークリッド空間より成る。4次元空間部分の点は射影変換により3次元ユークリッド空間の点に移るということと、プラトンのイデア論において、イデアの世界の点が投影により現象界の世界の点に移るということの相似性に着目するこ

とによって、4次元同次空間の2空間とプラトン哲学の2空間の現象論的な相似性が明らかになる。

パート3の後半では、4次元同次空間の哲学的考察をさらに深める。

中世のスコラ哲学者たちは普遍論争において、事物すなわち具象的な "もの" の集合に対応する抽象概念を表す言葉の実在性を議論した。ところでプラトン哲学におけるイデアの内容とは抽象概念である。

普遍論争の議論も踏まえればごく自然に、4次元同次空間の二つの空間の関係は、内容論的に見れば、4次元空間部分の点は "抽象概念" に、3次元ユークリッド空間の点は "具象的な事物" に対応することが分かる。

4次元同次空間の二つの空間の対応空間を、それぞれ "抽象の空間"、"具象の空間" と呼ぶことにする。

このことは、図形処理において4次元同次処理が威力を発揮したように、"具象の空間" に "抽象の空間" が加わると、強力な思考の力を発揮することを示唆している。

パート4では、"抽象" に基づく世界観と "具象" に基づく世界観の実際の内容を論ずる。

まず、"抽象" と "具象" という観点において際立った対照を示す、"抽象の世界観" のドイツと "具象の世界観" のイギリスの国民性を調べ、ドイツ的思考の強力性、危険性とイギリス的思考の堅実性、コモン・センスを指摘する。

次に具体的に、歴史上の巨人たちが提示した "抽象の世界観" と "具象の世界観" を調べる。

"抽象の世界観" としては、ガリレオ・ガリレイ、アイザック・ニュートン、ジャン＝ジャック・ルソー、カール・マルクス、アドルフ・ヒトラー、デイヴィッド・ヒューム、カール・クラウゼヴィッツを、また "具象の世界観" の例としてサミュエル・ジョンソンを取り上げている。

"抽象の世界観" は、"発見された抽象の世界観"、"作られた抽象の世界観" および "発見的に得られた抽象の世界観" に分類する。抽象には

必然的に"捨象"を伴うことに注意することが肝要であるとしている。

　著者がこれらの"抽象の世界観"を検討するにあたっての基本的な立場は、本来"抽象の世界観"は、真理の発見により、または、国や時代が変わっても誰もが疑いなく価値を置いている普遍的な価値概念に則して発見的に得られるべきものである、としている点である。

　自然科学上の真理は発見的に得られたものであるから"捨象"の観点では問題は存在しない。人間社会上の事柄は普遍的な価値概念に則したものであって、人間にとって重要な事柄が"捨象"されていないことが要件となる。特に問題となるのは、人知の万能性を信じ、ただただ頭の中だけで作り上げられたような、普遍的な価値概念を無視した"作られた抽象の世界観"である。この場合、問題点は、"捨象"の不適切さとして現れる。

　一方"具象の世界観"は、"抽象の世界観"のような強力さ、派手さはないが、堅実なコモン・センスを与える好ましさがあることを示す。具象の世界観のコモン・センスは、抽象の世界観の陥りやすい問題点をチェックする機能を持つ。

　最終章は、まとめと結論である。

　その一は、イデア論の真実性に関し、一つの数学的証明を示す。

　その二は、普遍論争における実在論の真実性に関し、一つの数学的証明を示す。

　その三は、本書がメインテーマとして一貫して追求してきた問題、すなわち「本来的には3次元空間の問題を4次元空間で処理する」とは哲学的には何を意味するかの結論を示す。

　その四は、本書副題で与えた問題、すなわち「"この世"の難問解決のための本質的原理を考える」に対する著者の回答を示す。

　以上が本書で論じている事柄の概要である。

　本書が論じている事柄は、もともと工学上の問題の数学的解決に端を

発したものであるため、説明の論理的必要上から、最低限の数学的な記述をお許し願いたい。

　以下、順序を踏んで基本的な事柄に立ち戻って少しずつ考えてみたい。

［脚注］
　われわれは３次元空間である"この世"の中で、現実に様々な政治、経済、……の困難な問題を抱えて生活している。本書は、この現実の問題を解決するためには「１次元高い世界で考える」ことがキー・ポイントになることを主張し、この考え方の哲学的原理を問題としているのである。

■座標、次元、空間、世界
　まず始めに、本書を通じて頻繁に現れる基本的な用語について説明しておこう。

　空中に１本の針金があり、その上で蟻が動いていると想定してみよう。蟻が動ける範囲は針金上に限られる。針金の上に目盛り（これを数学では座標という）が刻んであるとすれば、蟻の位置はこの目盛り x という、一つの数値だけで表すことができる。この場合、蟻は１次元の空間に存在する、または蟻の世界は１次元であるともいう。

　人間は普通、地上を動き回って行動する。地上のどこかを基準点（座標の原点）とし、そこからある方向に目盛り x を、その方向と直角に目盛り y が碁盤の目のように刻まれているとすれば、人間の存在する空間の位置は、二つの数値、すなわち座標 (x, y) によって完全に表現することができる。この場合、人間の存在する空間、または世界は２次元であるという。

　人間の場合、行動範囲は必ずしも地上に限定されるわけではなく、高さ方向に動ける自由度は存在するわけであるから、何らかの方法で行動範囲を拡張することができる。高層ビルにより、または地下鉄などにより人間は高さの自由度を利用し行動範囲を拡張している。地上から垂直

方向に高さの距離 z を導入すれば、活動する空間内の人間の位置は $(x,$ $y, z)$ の三つの数値により完全に記述、表現可能である。すなわち人間が動き回れる範囲は３次元の空間という世界である。座標 (x, y, z) により記述される空間は、数学的には３次元ユークリッド空間といわれる。

　以上のように、われわれが実感として認識できるのは３次元までの空間である。そして空間を構成する次元の要素とは幾何学的な距離に関するものである。

　ところで物理学の分野では、３次元空間内で対象物が時間とともにその位置を変化する状況を問題とすることがある。この場合に対象物の空間における状態を記述するには、(x, y, z) に時間 t を加えた４次元の座標 $(t ; x, y, z)$ を扱うことになる。これを物理学的４次元と言うことがある。

　本書でいう４次元とは、３次元ユークリッド座標 (x, y, z) にスケール（倍率）を加えた４次元である。

パート1　4次元同次処理への道

　パート1においては、本書の主題である「1次元高い世界で考える」の端緒となった、図形処理工学における完全4次元同次処理理論の最も基本的な、最低限の事柄について解説する。

　図形処理工学において、2次元の問題は3次元の問題として、また3次元の問題は4次元の問題として処理することが、いかに強力であるかを説明する。

　なおここに完全4次元同次処理なる言葉を使ったが、その"完全"の意味とは、本来3次元図形処理は人間とコンピュータの対話形式で行われるが、コンピュータが行うべき機械的処理部分は徹底して4次元処理で行うという意味である。

第1章　人間による計算とコンピュータによる演算処理

1.1　人間主体による計算

　簡単な数計算を行う場合、われわれは以前、卓上計算器を利用していた。

　紙の上に計算過程の式を書いておき、それを見ながら計算を繰り返す。計算は足し算、引き算、掛け算、割り算の四則演算の繰り返しである。

　人間が操作を行うのであるから、数値の計算器への入力操作ミスが発生することは当然あり得る。したがって、計算の各段階での一つ一つの計算結果が妥当な数値であることを確認し、その結果の数値を次の計算のための入力データとするという操作を繰り返す。

　計算そのものは、計算器が行い間違うことはなく正確であるから、入力操作ミスをなくし、計算の過程の制御を間違いなく行うように計算器

操作を慎重に行わねばならない（図1-1）。

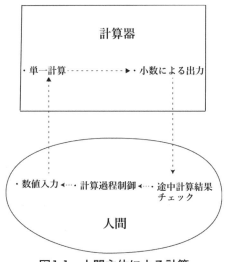

図1-1　人間主体による計算

　多量の計算を行うことは、計算結果のチェックと計算過程の制御に神経を使わなければならず、人間にとっては大きな負担であった。

1.2　コンピュータ主体による演算

　コンピュータの登場により、複雑で、多量な演算をコンピュータに任せることができるようになった。

　演算過程をコンピュータにプログラムしておけば、人間はいちいち数値を入力する必要がなく、また演算手続きの制御に気を遣うこともなく、すべてをコンピュータに任せることができるようになった。すなわち最初に人間が基本となるデータを与えれば、あとはコンピュータが自動的に正しい結果を出力してくれる。これは大変に大きな革新である。

1.3　割り算の役割

　ところで一連の演算の過程における割り算について考えてみたい。

"人間主体による計算"では、途中の個々の計算結果の妥当性を確認するために、割り算が出現したら、そこで割り算を実行して計算結果が期待された値となっているかを確かめる必要があった。ところがコンピュータを使う環境においては、個々の演算は正しい結果を与えるのであるから、必ずしも割り算をその場その場で実行する必要はない。そのまま分数形式で保持して演算を進めてもよい。その場合、以下の例が示すように演算の最終結果は、分数すなわち比の形式で表現される（図1-2）。

$$2 + \cfrac{1 - \cfrac{2}{3}}{2 \times \cfrac{3}{4} + \cfrac{4}{\cfrac{3}{5}}} = 2 + \cfrac{1 - \cfrac{2}{3}}{\cfrac{3}{2} + \cfrac{20}{3}} = 2 + \cfrac{\cfrac{1}{3}}{\cfrac{49}{6}} = \cfrac{100}{49}$$

図1-2　少し複雑な数値演算

　以上から分かるように、コンピュータを使う環境における演算は、本質的には足し算、引き算、掛け算の3種類であって、割り算は演算に直接的には関与しない。

　ここで分数表現 b/a（$a \neq 0$）の形式で表現される割り算についてその意味を考えてみよう。

　便宜上、分数 b/a を、座標の形式で (a, b) のように記すとする。

　分数の意味から、座標表現中の a とは、b を表現する倍率（スケール）とみなすことができる。すなわち b とは、本来の数（割り算後の本来の値、すなわち一般に小数表現）に対し a 倍されている数であることを表す。

　ところで、例えば二つの分数56/163、37/97の大小関係を問われたとしよう。

　これらを座標の形式で表してみると、それぞれ $(163, 56)$、$(97, 37)$ となり、最初の数値がそれぞれのスケールである。この場合の数値の大小関係は、すぐには答えられない問題である。なぜなら二つの数を表現

するスケールが異なるからである。したがって大小関係を判定するには、両者のスケールを同じにして比較する必要がある。

　そこで両者の数をそれぞれのスケール163と97で割り算して、スケールを1に統一してみると、

$$56/163 は（1, 0.343）、37/97 は（1, 0.381）$$

となり直ちに、37/97のほうが56/163より大きいと判断できる。

　すなわち両者のスケールを"1"に統一し、小数化することによって人間が認識し、判断できるようになったのである。スケールを1にして表現すると、人間には分かり易いのである。

　人間にとって分数形式で表現された数の大きさは、一般に直ちには理解しにくい。人間が理解容易なスケール"1"ではないからである。したがって、以前に述べた"人間主体による計算"の場合は、割り算が現れるたびに、人間が理解できるように割り算を実行して計算の妥当性をチェックしたのである。

　しかしながらコンピュータを使う環境では、演算過程はすべてコンピュータに任せ、人間の介入する余地はないのであるから、最後に1回だけ割り算を行って人に与えればよいのである。

　この1回の割り算とは演算の最終結果を人間が容易に理解できるようにスケール"1"に変換するためのものである（図1-3）。

　アプリケーションによっては、演算誤差を極度に抑えなければならない分野がある。普通、数は小数表現して扱われる。小数表現のために割り算が必要となり、ここに打ち切り誤差が生じる。これを繰り返せば、演算の打ち切り誤差が累積する。

　一方、数表現として小数表現の代わりに整数による分数表現がある。これは数を二つの整数の比により表す方式である。もし演算のすべてを分数方式で徹底させれば、演算の途中で行われる割り算を回避でき、扱う数を有理数に限定するという前提のもとに、完全無誤差演算を実現することができるのである。

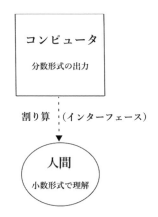

人間の理解を容易にするために割り算により、スケール"1"である小数形式に変換

図1-3　コンピュータ主体による演算

　この徹底した分数形式という、割り算を排除した演算手法は、実は後述する4次元処理の考え方に通ずるのである。

第2章　コンピュータによる図形処理

2.1　人間とコンピュータの対話による処理

　初期の頃のコンピュータは、その演算結果をもっぱらタイプライターによって出力、印字していた。数値演算のみをコンピュータに行わせる限りそれで十分であった。

　しかしコンピュータ利用の成果の進展に伴い、数値演算だけでなく図形に関連した処理がコンピュータに期待されるようになった。初期の頃は図形に対するコンピュータの適用としては、わずかに数値制御加工技術への応用が試みられていた程度であったが、次第に、より高度な技術を要するであろう、設計への適用が期待されるようになったのである。これを、コンピュータの支援による設計、すなわちCAD（Computer Aided Design）という。

設計においては、図形を扱う場合が非常に多い。設計者は、紙上に簡単なスケッチ図をさっと描いて自分の考えを確かめる。繰り返し図形を描いたり、消したりして自分の考えをまとめ、徐々に図形は最終的なものにかたまってゆき、最後には、三面図形式の製作図が作られて設計は完了する。すなわち、設計は図形とともに始まり、図形とともに進展し、図形の完成により終了する。人は、特に2次元的な図形になれ親しんでいる。人は気軽に紙上に図を描いて自分のアイデアを確認できる。相互の部分の関係も図に描いて表現するとわかりやすい。人は図を見ることによって全体のバランスを調べ、総合的な判断を行っている。設計において図形の果たしている役割はまことに大きい。

　ところで、設計は創造的作業といわれるが、そのすべての行為が創造的であるわけではない。定規で線を引いたり、コンパスで円を描いたり、ある部分を消したり、またはすでに他の所に描かれてある図形を単にコピーすることも設計作業には含まれる。重量や容積の計算、応力値の決定などを行うこともあるが、これらの行為は、創造に関連する機械的行為である。設計には創造的行為と、機械的行為とが交錯して現れる。

　設計に付随するこれらの特有な行為を、コンピュータの能力の利用によりどのように強化できるのであろうか。

　当時の工学技術の世界最先端にあった、米国東部のMITの研究者たちは、CADに対する強い期待を議論していた。1959年のことである。その頃、日本の理工系大学のほとんどの研究室にはコンピュータは存在せず、研究はタイガー計算器という人間が腕力で動かして計算する体のものを使って行われていたのである。日米の工学技術の格差は大変なものであった。

　彼らは基本的な哲学として次のように考えていた。すなわち、

　　　人間の持つ創造的で、想像力豊かな能力と、一方コンピュータの解析的で、計算に秀でた能力を、最も経済的に、最も能率的にともに発揮することができるようなマン・マシン・システム（man machine system）が構想された。人間と機械（コンピュータ）の互いに異種の能力は相補的であって、互いに強化し合える能力である。人間と機械を緊密に結びつけることによって、それぞれの能力の単純な和以上の、はるかに大きな力を引き出すことができるかもしれない[1]、

と期待したのである。

　人間と機械（コンピュータ）の能力は、きわめて対照的であり、相補的である。
　人間はアイデアを出すことができ、創造的な能力を持っているし、また図形の判断能力、すなわちパターン認識力が優れているのに対し、他方コンピュータはそれらの能力はきわめて弱いとみなされる。しかしながら、機械的な作業に関しては、コンピュータは人間をはるかに超えた優れた能力を持っている。コンピュータは、飽きたり疲れたりすること

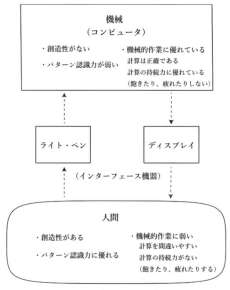

図2-1　異種能力の緊密な結合

なく機械的作業の持続力に優れ、かつ作業はきわめて正確である（図2-1参照）。

　人間とコンピュータはこのように際立って相補的な能力を持っているのであるから、もし両者を緊密に、かつ柔軟に結びつけることができるならば、両者の能力の単純な和以上のはるかに大きな能力による結果を期待できるかもしれないと考えられたのである。

　ここに紹介した人間と機械のシステムに関する哲学において、

　　人間と機械（コンピュータ）の互いに異種の能力は相補的であって、互いに強化し合える能力

とあるが、注目すべき点は“互いに強化し合える”能力と述べている点である。

　単純に考えれば、“マスター”である人間が“奴隷”である機械の能力を人間に有利なように使い切って、人間の能力が強化できればよいのであって、“奴隷”である機械の能力強化など云々する必要はないとも思える。

　しかしこの引用文は、あたかも人間に対する機械も同格であって強化されることが好ましいと言っているかのようだ。能力の強化が、互いに連鎖し合っていく過程を想起させる表現だ。まさに現在のスマートフォンの技術に至る驚くべき進展を思わずにはいられない。

　MITの学者たちは1959年頃、すなわち日本の理工系大学が手回し計算機を使っていた頃に、次のような具体的な構想を持っていたのである。

　　設計者は、コンピュータに接続されたオシロスコープ上に“ライト・ペン”で自分の意図する装置の図を描く。設計者は思いのままに、“ライト・ペン”で指示し、変更を行い、コンピュータに命じて、正確な図形に直ちに書き直させる。さらにコンピュータには、強度解析、隣接部品とのクリアランスのチェック、その他の解析に

関連する数値計算を行わせる。設計者は、コンピュータとやりとりしながら自分の考えを試し、試行を繰返しながら設計を進めてゆく[1]、

というものである。

　コンピュータと人間が緊密な共同作業によりCADを実現するためには、従来のようにタイプライターを介してでは十分ではなく、柔軟な図形表示の可能なオシロスコープのようなグラフィック・ディスプレイがコンピュータと人間との間に出力インターフェースとして存在することが必須なものとされた。また人間からコンピュータに対する働きかけに適したライト・ペンが入力のためのインターフェース装置として選ばれていたのである（図2-1参照）。

　ライト・ペンは、光を検出することにより、図形を指示する機能、すなわちポインティング（pointing）の機能と、ディスプレイ上でペンを移動させた場合の軌跡の情報を作り出すトラッキング（tracking）の機能を有する。

　まさに人間とコンピュータがグラフィック・ディスプレイ上の図形を介して、対話的に処理を進めてゆくという、現在の高度な処理システムが1959年の段階ですでに具体的に構想されていたのである。

　このような、CADへの夢が高まっていたまさにこのときに、サザランド（Ivan E. Sutherland）というMITの博士課程の学生が提出した学位論文は、世界を驚愕させたのであった。1963年のことである。これによってコンピュータ・グラフィックスという新しい学問分野が誕生することになった。彼の作り上げたシステムは、スケッチ・パッド（Sketch pad）と呼ばれた。

2.2　コンピュータ・グラフィックスの誕生[2]

　スケッチ・パッド・システムは、MITのリンカーン研究所にある、当時としては超大型コンピュータ TX-2 に組み込まれた。

図2-2　サザランドとTX-2のグラフィック・ディスプ
　　　レイ[2]

（サザランドが持っているのがライト・ペン、左側の箱の上
にあるのがプッシュ・ボタンである。テーブルのすぐ上に
四つの黒のノブが見える）

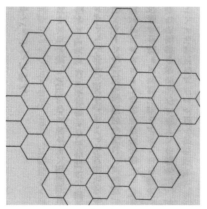

図2-3　六角形パターン[2]

　図2-2に、TX-2に組み込まれたディスプレイを示す。スケッチ・パッドで何ができるかを、図2-3に示すような六角形パターンの作図を例に説明しよう。

　ライト・ペンによって、スクリーンの特定の点を指し、"draw"ボタンを押すと、ライト・ペンの動きにしたがって直線が描かれる。この場合、図2-4に示すように、ペンの最初の点が直線の始点となり、ペンの動きとともに、ちょうどゴムバンドが伸ばされるように、直線がダイナミックに表示される。

　さらにボタンを押すと現在の線分に連結する次の直線が表示される。
　本例の場合は、六つの辺を作ればよい。この図形を閉じるためには、ライト・ペンを、最初に作図した直線の始点の近傍にもってゆき、素早くひねる（脚注1参照）と、最後の線分が最初の線分の始点に接続されて、図形は図2-5(a)のように閉じる。
　描かれた図形を正六角形に整形するためには、まず、その折れ線図形を一つの円に内接させる。そのための円を描くには、円の中心となる点にライト・ペンをもってゆき、"circle center"のボタンを押すと、そこ

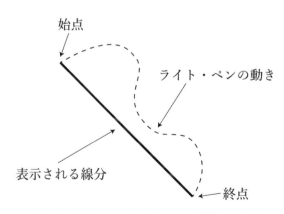

図2-4　ラバー・バンドによる直線表示[2]

に中心点が現れ、次に円周上の1点にペンをもってゆき（これにより半径が決定する）、再び"draw"ボタンを押す。この操作の結果、最初の点が始点となり、現在のライト・ペン位置が円弧の中心角を規定するように、円弧がダイナミックに表示される（図2-5(b), 図2-6）。

　次に六角形を円に内接させる操作を行う。まず六角形の一つの頂点をペンでヒットし、"move"ボタンを押すと、頂点はライト・ペンの動きとともに移動してその部分が伸ばされたように変形する。ペンを円周上にもってゆき、素早くひねると、その頂点は円周上に乗る（図2-5(c)）。この操作を繰り返して、各頂点をすべて円周上にほぼ等間隔に移動させる（図2-5(d)）。これより後の操作においては、各頂点が円周上にあるという条件は常に保たれる。ここで六角形の辺の長さを等しくする条件を加えると正六角形となる。このための操作としては、まず一つの辺をペンでヒットし、"copy"ボタンを押し、次に別の辺をペンでヒットして、ペンを素早くひねればよい。この操作は、この線の長さを、あの線の長さと等しくせよ、という処理を行うことになる。このような操作を5回行うことにより正六角形が出来上がる（図2-5(e)）。円をペンでヒットし、"delete"ボタンを押せば、円はスクリーンから消える（図2-5(f)）。

　図2-3の六角形パターンを作るには、多数の六角形を頂点で結びつける必要がある。そこで、六角形の六つの頂点を結合点として定義するために、各頂点をペンでヒットし、そのためのボタンを押しておく。ここでスイッチにより、基本六角形をスクリーンから消し去り、改めてボタン操作により、サブ・ピクチャの六角形を呼び出して、中央の六角形のまわりに、6個の六角形を図2-5(g)のように配置する。コールされた六角形の位置を定めるには、ライト・ペンで六角形を動かして、適当な位置でライト・ペンを素早くひねって行い、またその向きと大きさは、ノブを回転して調整できる。

　一つの六角形の頂点をライト・ペンでヒットし、ボタンを押し、それから別の六角形の頂点をヒットすると、これらの二つの頂点は結合される。この処理が可能となったのは、各頂点を結合点とする操作を行って

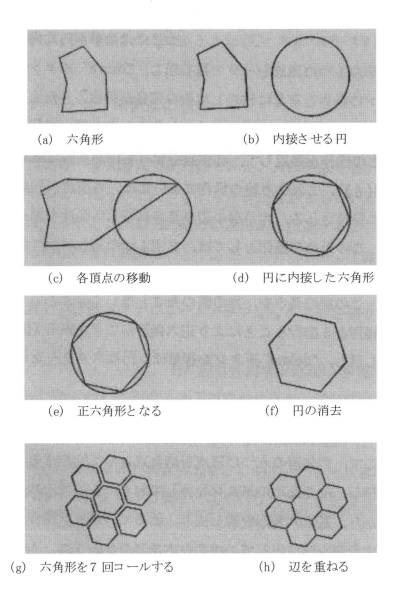

(a)　六角形　　　　　　　　　　（b)　内接させる円

(c)　各頂点の移動　　　　　　　（d)　円に内接した六角形

(e)　正六角形となる　　　　　　（f)　円の消去

(g)　六角形を7回コールする　　　（h)　辺を重ねる

図2-5　スケッチ・パッド・システムによる六角形パターンの作図例[2]

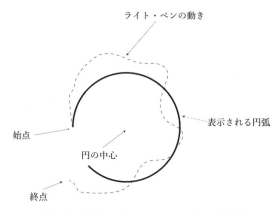

ライト・ペンの動き

表示される円弧

始点

円の中心

終点

図2-6　円弧のラバー・バンド表示[2]

　おいたからである。それぞれの外側六角形について、それらの二つの頂点と、中央の六角形の適当な二つの頂点を結びつければ、図2-5(h)のようなパターンが得られる。一度このようなパターンが作られると、これをサブ・ピクチャとして扱うことができる。したがって前と同様にして、このサブ・ピクチャを7回コールして図2-3が得られるのである。

　以上の操作に要する時間は5分とはかからない。

　コンピュータは当時バッチ形式で使われていた。人は手紙を書いてコンピュータと通信しているようなもので、コンピュータと対話をしているとは言えなかった。スケッチ・パッドは、人が直接図形を描き、人とコンピュータとの図形による対話的な通信を可能とし、これによりコンピュータ・グラフィックス分野が切り開かれたのである。

　前述したようにMIT等では、コンピュータとの対話による図形処理に対する期待が高まり、人間とコンピュータの対話処理に関する哲学が出来上がり、具体的な機器構成さえ構想されていた。

　サザランドによるスケッチ・パッドは、MITの先輩たちの考え方に忠実に沿ったものとして完成されたと考えられる。サザランドによってでなくても、遅かれ早かれコンピュータ・グラフィックスの時代はもた

らされたであろう。しかしスケッチ・パッドに使われている中身のソフトウエア技術は、当時の技術レベルをはるかに超える高度なものであり、今日の2次元図形処理の中核をなすものが多数含まれている（脚注2参照）。

　サザランドがスケッチ・パッドで示した2次元図形処理は、MITの同僚によって直ちに3次元図形処理への発展が試みられた。

脚注1）上の説明でしばしばライト・ペンをひねるという操作が出てくる。
　　　　ライト・ペンは、光を検出してはじめて動作する原理のものであるから、光のないディスプレイ上を動かしても動作しない。そこで最初に、十字形の光のマークを作り出し、それをライト・ペンの動きに従い追随させることにより、ライト・ペンの動きの軌跡の位置データを作り出している。もしライト・ペンをひねって急激な変化をさせるとマークは追随できなくなる。スケッチ・パッドでは、ライト・ペンのこの特性を利用しているのである。
脚注2）後年サザランド氏と個人的に接触するようになり、またスケッチ・パッドをより詳しく知るに及び、スケッチ・パッドの高度な技術内容は、当時としては、サザランドにして初めて実現可能であろうという感想を筆者は持っている。

2.3　ユークリッド的図形処理技術 [3]

　さて、以下に本書で必要になる範囲の最低限の図形処理のための技術を簡単に示す。

　図形処理の技術は、図形の記述方式と、その処理方式により構成される。

　図形の記述は多角形が基本となる。多角形はその頂点を、表から見て、一貫した向き、例えば反時計回転向きに、2次元座標 (x, y) または3次元座標 (x, y, z) により記述する。立体の場合には、面相互の接続の情報（このような情報を、座標値などの幾何情報に対して位相情報という）もあわせ記述する。立体の場合には、これらの幾何情報と位相情報を記述すると、立体の表現は非常に複雑なデータ構造を成す。

図形に対する処理としては、主として変換に関するものと干渉に関するものが問題となる。数式処理は、座標によるベクトルを対象に行う。

　なお本書では、点の座標は (x, y, z) のように丸括弧で、またそのベクトルは $[x\,y\,z]$ のように角括弧で表記する。

　ここでは、図形処理技術のうち、変換を取り上げる。

2.3.1　２次元図形変換

　変換は図形の位置座標によるベクトルに対し行う。変換前のベクトルを $[x\,y]$、変換後を $[x*\,y*]$ と表記する。

２次元線形変換

　最も簡単な変換は線形変換である。

　一般形は、

$$[x\ y] \begin{bmatrix} a & b \\ c & d \end{bmatrix} = [x*\ y*]$$

である。

　$b = c = 0$ の場合、図形は原点を中心として、x-方向に a 倍、y-方向に d 倍だけ拡大する。

　また $a = \cos\theta$、$b = \sin\theta$、$c = -\sin\theta$、$d = \cos\theta$ の場合、図形は原点を中心として反時計回転向きに角度 θ だけ回転する。

２次元アフィン変換

　線形変換の後、x-方向に t_x、y-方向に t_y だけ平行移動する変換は、

$$[x\ y] \begin{bmatrix} a & b \\ c & d \end{bmatrix} + [t_x\ t_y] = [x*\ y*]$$

２次元一般射影変換

　２次元の一般的な射影変換は次式で表される、

$$\frac{[x\ y]\begin{bmatrix} a & b \\ c & d \end{bmatrix} + [t_x\ t_y]}{px + qy + s} = [x*\ y*]$$

となる。

　なお、座標系の変換は図形の変換とは逆向きの関係にあることに注意する必要がある。

2.3.2　3次元図形変換

　3次元の変換についてもまったく同形式の数式で表される。すなわち、

3次元線形変換

　3次元線形変換の一般形は、

$$[x\ y\ z]\begin{bmatrix} a & b & c \\ d & e & f \\ g & h & i \end{bmatrix} = [x*\ y*\ z*]$$

となる。

　上式は行列要素の数値を適当に選べば、3次元の点 (x, y, z) に対し、x-方向、y-方向、z-軸方向への拡大、縮小や x-軸周り、y-軸周り、z-軸周りの回転などを行う。

3次元アフィン変換

　3次元線形変換の後、x-方向に t_x、y-方向に t_y、z-方向に t_z だけ平行移動する3次元アフィン変換は、

$$[x\ y\ z]\begin{bmatrix} a & b & c \\ d & e & f \\ g & h & i \end{bmatrix} + [t_x\ t_y\ t_z] = [x*\ y*\ z*]$$

となる。

3次元一般射影変換

3次元の一般的な射影変換は次式で表される、

$$\frac{[x\ y\ z]\begin{bmatrix} a & b & c \\ d & e & f \\ g & h & i \end{bmatrix} + [t_x\ t_y\ t_z]}{px + qy + rz + s} = [x*\ y*\ z*]$$

　3次元一般射影変換で特に問題となるのは、透視図を作るための演算である。

　図2-7において、右手ワールド座標系 $x_w y_w z_w$ により物体が記述されているとする。

　ワールド座標系において、視点 p_f (x_f, y_f, z_f) と注視点 p_a (x_a, y_a, z_a) を与えた場合、視点から注視点に向かって距離 k なる位置 O に、その向きに直交する投影面 $Ox_p y_p$ を設定する。x_p 軸は、$x_w z_w$ 面に平行と定める。

　投影面に映る透視図を作るための演算過程は次のようになる。

　視点 p_f を原点とし、その x-座標軸が $x_w z_w$ 平面に平行な右手座標系 $x_e y_e z_e$ を視点座標系と呼ぶことにする。この場合、注視点から視点に向かう向きが z_e 軸の正向きである。

　さて、ワールド座標系を、$[+x_f\ \ +y_f\ \ +z_f]$ だけ平行移動してできる座標系を $x_1 y_1 z_1$ とし、次に $x_1 y_1 z_1$ 座標系を y_1 軸のまわりに $-\theta_1$ だけ回転

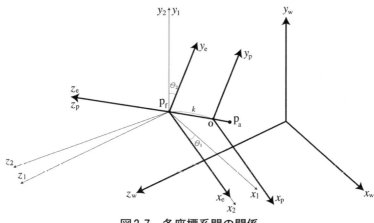

図2-7　各座標系間の関係

してできる座標系を $x_2y_2z_2$ とし、さらに $x_2y_2z_2$ 座標系を x_2 軸のまわりに $-\theta_2$ だけ回転してできる座標系が視点座標系 $x_ey_ez_e$ である。またさらに視点座標系を z 軸方向に $-k$ だけ平行移動すると、投影座標系 $x_py_pz_p$ に一致する。

したがってワールド座標系により記述された物体を投影座標系 $x_py_pz_p$ の表現とするためには、まず線形変換である回転変換を行い、次に平行移動の変換の順序により行う。変換の大きさは座標系を変換した場合と同じで逆符号とする。

すなわち、まず物体を y_1 軸のまわりに $+\theta_1$ だけ回転し、次に物体を x_2 軸のまわりに $+\theta_2$ だけ回転し、その後 $[-x_f\ -y_f\ -z_f+k]$ だけ平行移動すればよい。すなわち、

$$[x_p \ y_p \ z_p] = [x_w \ y_w \ z_w] \, \boldsymbol{m}_y \, \boldsymbol{m}_x - [x_f \ y_f \ z_f - k]$$

ここに、

$$\boldsymbol{m}_y = \begin{bmatrix} \cos\theta_1 & 0 & -\sin\theta_1 \\ 0 & 1 & 0 \\ \sin\theta_1 & 0 & \cos\theta_1 \end{bmatrix} \qquad \boldsymbol{m}_x = \begin{bmatrix} 1 & 0 & 0 \\ 0 & \cos\theta_2 & \sin\theta_2 \\ 0 & -\sin\theta_2 & \cos\theta_2 \end{bmatrix}$$

$$\boldsymbol{m}_y \boldsymbol{m}_x = \begin{bmatrix} \cos\theta_1 & \sin\theta_1\sin\theta_2 & -\sin\theta_1\cos\theta_2 \\ 0 & \cos\theta_2 & \sin\theta_2 \\ \sin\theta_1 & -\cos\theta_1\sin\theta_2 & \cos\theta_1\cos\theta_2 \end{bmatrix}$$

　ここで、視点の前方 $z_p = 0$ の位置にある投影面に、投影座標系 $x_p y_p z_p$ で記述された物体に対し透視投影を行うと、透視座標 (x_q, y_q, z_q) は、

$$[x_q \ y_q \ z_q] = \frac{k \, [x_p \ y_p \ z_p]}{k - z_p}$$

$$= \frac{[x_w \ y_w \ z_w] \, \boldsymbol{m}_y \, \boldsymbol{m}_x - [x_f \ y_f \ z_f - k]}{1 - \dfrac{1}{k} \left([x_w \ y_w \ z_w] \, \boldsymbol{m}_y \, \boldsymbol{m}_x - [x_f \ y_f \ z_f - k] \right) \begin{bmatrix} 0 \\ 0 \\ 1 \end{bmatrix}}$$

$$= \frac{[x_w \ y_w \ z_w] \begin{bmatrix} \cos\theta_1 & \sin\theta_1\sin\theta_2 & -\sin\theta_1\cos\theta_2 \\ 0 & \cos\theta_2 & \sin\theta_2 \\ \sin\theta_1 & -\cos\theta_1\sin\theta_2 & \cos\theta_1\cos\theta_2 \end{bmatrix} - [x_f \ y_f \ z_f - k]}{-\dfrac{1}{k}[x_w \ y_w \ z_w] \begin{bmatrix} -\sin\theta_1\cos\theta_2 \\ \sin\theta_2 \\ \cos\theta_1\cos\theta_2 \end{bmatrix} + \dfrac{z_f}{k}}$$

$$\frac{[x_{\mathrm{w}}\,y_{\mathrm{w}}\,z_{\mathrm{w}}]\begin{bmatrix} \cos\theta_1 & \sin\theta_1\sin\theta_2 & -\sin\theta_1\cos\theta_2 \\ 0 & \cos\theta_2 & \sin\theta_2 \\ \sin\theta_1 & -\cos\theta_1\sin\theta_2 & \cos\theta_1\cos\theta_2 \end{bmatrix} - [x_{\mathrm{f}}\,y_{\mathrm{f}}\,z_{\mathrm{f}}\,-\,k]}{\dfrac{1}{k}(\sin\theta_1\cos\theta_2\cdot x_{\mathrm{w}} - \sin\theta_2\cdot y_{\mathrm{w}} - \cos\theta_1\cos\theta_2\cdot z_{\mathrm{w}} + z_{\mathrm{f}})}$$

$$\equiv \frac{[x_{\mathrm{w}}\,y_{\mathrm{w}}\,z_{\mathrm{w}}]\begin{bmatrix} a & b & c \\ d & e & f \\ g & h & i \end{bmatrix} + [t_x \quad t_y \quad t_z]}{px_{\mathrm{w}} + qy_{\mathrm{w}} + rz_{\mathrm{w}} + s}$$

上式において、

$a = \cos\theta_1$

$b = \sin\theta_1\sin\theta_2$

$c = -\sin\theta_1\cos\theta_2$

$d = 0$

$e = \cos\theta_2$

$f = \sin\theta_2$

$g = \sin\theta_1$

$\mathrm{h} = -\cos\theta_1\sin\theta_2$

$i = \cos\theta_1\cos\theta_2$

$t_x = -x_{\mathrm{f}}$

$t_y = -y_{\mathrm{f}}$

$t_z = -z_{\mathrm{f}}+k$

$p = \sin\theta_1\cos\theta_2/k$

$q = -\sin\theta_2/k$

$$r = -\cos\theta_1 \cos\theta_2/k$$

$$s = z_f/k$$

ここに、

$$\cos\theta_1 = \frac{z_f - z_a}{\sqrt{(x_f - x_a)^2 + (z_f - z_a)^2}} \qquad \sin\theta_1 = \frac{x_a - x_f}{\sqrt{(x_f - x_a)^2 + (z_f - z_a)^2}}$$

$$\cos\theta_2 = \frac{\sqrt{(x_f - x_a)^2 + (z_f - z_a)^2}}{\sqrt{(x_f - x_a)^2 + (y_f - y_a)^2 + (z_f - z_a)^2}} \qquad \sin\theta_2 = \frac{y_f - y_a}{\sqrt{(x_f - x_a)^2 + (y_f - y_a)^2 + (z_f - z_a)^2}}$$

である。

以上より透視変換後の座標データは、

$$x_q = \frac{a\,x_w + d\,y_w + g\,z_w + t_x}{p\,x_w + q\,y_w + r\,z_w + s}$$

$$= \frac{k\,(\cos\theta_1 \cdot x_w + \sin\theta_1 \cdot z_w - x_f)}{\sin\theta_1\cos\theta_2 \cdot x_w - \sin\theta_2 \cdot y_w - \cos\theta_1\cos\theta_2 \cdot z_w + z_f}$$

$$y_q = \frac{b\,x_w + e\,y_w + h\,z_w + t_y}{p\,x_w + q\,y_w + r\,z_w + s}$$

$$= \frac{k\,(\sin\theta_1\sin\theta_2 \cdot x_w + \cos\theta_2 \cdot y_w - \cos\theta_1\sin\theta_2 \cdot z_w - y_f)}{\sin\theta_1\cos\theta_2 \cdot x_w - \sin\theta_2 \cdot y_w - \cos\theta_1\cos\theta_2 \cdot z_w + z_f}$$

$$z_q = \frac{c\,x_w + f\,y_w + i\,z_w + t_z}{p\,x_w + q\,y_w + r\,z_w + s}$$

$$= \frac{k\,(-\sin\theta_1\cos\theta_2 \cdot x_w + \sin\theta_2 \cdot y_w + \cos\theta_1\cos\theta_2 \cdot z_w - z_f + k)}{\sin\theta_1\cos\theta_2 \cdot x_w - \sin\theta_2 \cdot y_w - \cos\theta_1\cos\theta_2 \cdot z_w + z_f}$$

　図2-8に、ワールド座標系において、視点 P_f（-1850, 1050, 6000）、注視点 P_a（750, 600, 1500）を与えたときの透視図を示す。

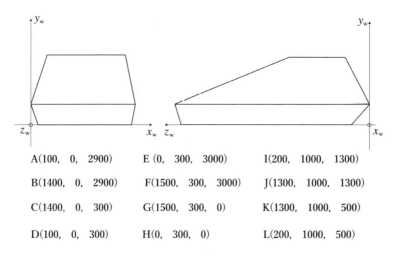

A(100, 0, 2900)　　　E (0, 300, 3000)　　　I(200, 1000, 1300)

B(1400, 0, 2900)　　F(1500, 300, 3000)　　J(1300, 1000, 1300)

C(1400, 0, 300)　　　G(1500, 300, 0)　　　K(1300, 1000, 500)

D(100, 0, 300)　　　H(0, 300, 0)　　　　L(200, 1000, 500)

物体データ

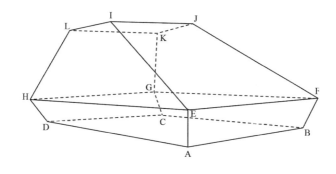

透視図

図2-8　透視図作成の例題

◆ 参考文献

［1］ Steven A. Coons: An outline of the requirements for the computer-aided design, Proc. of Spring Joint Computer Conference, 1963.

［2］ Ivan E. Sutherland: SKETCHPAD: A Man-Machine Graphical Communication System, Ph.D dissertation, MIT, January 1963. Abridged version in SJCC 1963, Spartan Books, Baltimore, Md., p. 329.

［3］ 山口富士夫『コンピュータディスプレイによる図形処理工学』日刊工業新聞社、1981。

第3章　4次元同次図形処理[1]

3.1　4次元同次図形処理の概要

3.1.1　4次元処理の発端

　ここで、著者が過去に行った研究のことを振り返ってみる。

　CAD（Computer Aided Design）の研究者として、CAD分野における幾何計算のあり方を模索していた。何回も繰り返し、面倒なアセンブリ言語を使ってプログラムを作り直しては問題点を改善しようと試行錯誤を行っていた。結局のところ問題の根本的な原因は割り算を実行することにある、すなわち「諸悪の根源は割り算を実行することにあり」が、自分が到達した最終的な結論であった。演算が不安定になったり、誤差が生じたり、またはプログラムが極度に複雑になる根本的な原因は割り算に起因するとみなしたのであった。

　そこで割り算を必要としない処理は一体あり得るのかと考えていった。

　例えば、三つの平面の交差による交点の座標 (x, y, z) を求める過程では、最後に割り算を行って座標を求める。その形式は次のようになっている：

$$x = B/a, \qquad y = C/a, \qquad z = D/a \tag{1}$$

　割り算を実行することが諸悪の根元であるのだから、実行しないで演算を打ち切りにして、分母を含めた、分子との数の組そのものを交点の座標とみなすことにした。すなわち、(x, y, z) の代わりに (a, B, C, D) を、交点に関する新しい形式の座標とみなしたのである。3次元の座標は四つのデータ、言い換えれば4次元の座標 (a, B, C, D) で表すことができたのである。以後続いて行われる演算においては割り算に出会う場合には同様にして、割り算を行わないで分母を第4の座標とみなす、ということを繰り返せばよいことになる。

　これからの議論の都合上、4次元の座標を数学で使われる記号を用いて書き直すことにする。すなわち (a, B, C, D) の代わりに (w, X, Y, Z) を使う。

　さて新しい座標においては割り算が関与しないので、$w = 0$ も許される。ただし $w = X = Y = Z = 0$ の場合は無意味であるので除外する。

　すなわち、その4次元の座標が表す4次元空間 (w, X, Y, Z) とは、

$$(w, X, Y, Z) \equiv (w, wx, wy, wz) \ (w \neq 0) \ （3次元ユークリッド空間）\tag{2}$$

　および　$(0, X, Y, Z) \ (X = Y = Z = 0 は除く) \ （4次元空間部分）\tag{3}$

である。ここに w をスケール（倍率、尺度）と呼ぶ。

ここで4次元空間 (w, X, Y, Z) について調べてみよう。

　4次元空間 (w, X, Y, Z) は、式（2）で示される $w \neq 0$ である部分と、（3）で示される $w = 0$ の部分より成り立つ。

　まず $w \neq 0$ の部分の場合、式（2）の両辺を w で割り算してみると、

$$(1, X/w, Y/w, Z/w) \equiv (1, x, y, z) \tag{4}$$

となり、式（2）は、3次元ユークリッド空間を表していることが知

れる。すなわち、式 (2) は、$w = w$ 超平面上の 3 次元ユークリッド空間を表す。

　次に式 (3) で表現される部分を考える。0 の代わりに、極めて微小な数 ε に置き換えてみると、

$$x = X/\varepsilon, \qquad y = Y/\varepsilon, \qquad z = Z/\varepsilon$$

となり、ベクトル $[X\,Y\,Z]$ 方向の極めて大きな座標値を表す点であることが理解できる。数学上、極限として 4 次元座標 $(0, X, Y, Z)$ は、ベクトル $[X\,Y\,Z]$ 方向の無限遠点を表すことが知られている。この空間 $(0, X, Y, Z)$ を本書では、4 次元空間部分と呼ぶ。

　以上より、4 次元空間 (w, X, Y, Z) は、さまざまな w の値、すなわちスケール値を持つ超平面の集合であって、$w \neq 0$ の超平面は 3 次元ユークリッド空間を表し、$w = 0$ の超平面は、ベクトル $[X\,Y\,Z]$ 方向の無限遠点により構成される空間である。

　(w, X, Y, Z) の座標表現は、射影幾何学では 4 次元同次座標 (homogeneous coordinate) と呼ばれているので、本書では 4 次元空間 (w, X, Y, Z) を 4 次元同次空間と呼ぶことにする。

　以上見てきたように 4 次元同次空間は、3 次元ユークリッド空間を含んでいる。したがって著者の提起する 4 次元同次空間処理では、3 次元ユークリッド空間で行われる処理は $w = 1$ の超平面上ですべて行うことができる。さらにそればかりでなく、従来の 3 次元ユークリッド空間処理では不可能である無限遠点の扱いも、4 次元同次空間処理として $w = 0$ 超平面を含めることにより、一貫した形式で統一的に行うことができるのである。同次空間処理では基本的に割り算を用いないのであるから、ユークリッド処理において生じる、割り算に起因する、処理の不安定さ、特殊処理による複雑さ、誤差累積の問題を回避することができるのである。

3.1.2　3次元同次空間

　4次元同次空間を感覚的に理解するためには、より簡単な3次元同次空間の場合を理解し、それをもとに類推するのがよいであろう。

　3次元同次空間 (w, X, Y) とは、

$$(w, X, Y) \equiv (w, wx, wy) \ (w \neq 0) \ (2次元ユークリッド空間) \tag{2'}$$

$$および \quad (0, X, Y) \ (X = Y = 0 は除く) \ (3次元空間部分) \tag{3'}$$

である。

また、式（4）に対応して、

$$x = X/w, \qquad y = Y/w \tag{4'}$$

が成立する。

　3次元同次空間 (w, X, Y) は、さまざまな w の値を持つ平面の集合であって、$w \neq 0$ の平面は2次元ユークリッド平面を表し、$w = 0$ の平面は、ベクトル $[X\ Y]$ 方向の無限遠点により構成される（図3-1）。

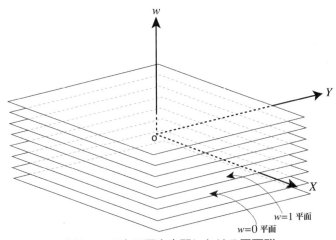

図3-1　3次元同次空間における平面群

3次元同次空間における式（4'）の関係から、その座標にある数を乗じても、その表現している座標 (x, y) は影響を受けない。例えば、5倍してみると、

$$x* = X*/w* = 5X/5w = X/w = x,$$
$$y* = Y*/w* = 5Y/5w = Y/w = y.$$

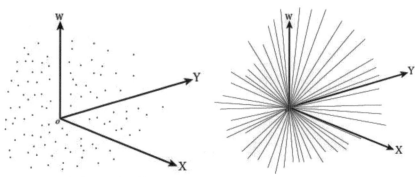

図3-2　同次空間は点の集合である　　図3-3　同次空間は、原点を通る直線
　　　　　　　　　　　　　　　　　　　　　　　　　の集合である

　ある数を乗じた点とは、3次元同次空間において、点 (w, X, Y) と原点を通る直線上の点となる。すなわちユークリッド平面の点 (x, y) は、3次元同次空間においては、原点を通る直線により表される。また容易にわかるように、ユークリッド平面における直線は、3次元同次空間においては原点を通る平面により表される。すなわち同次元空間において図形を表すと、ユークリッド空間の場合より1次元高次の、原点を通過する図形になる。

　したがって、3次元同次空間とは、点 (w, X, Y) の集合とも考えられるし、または原点を通る直線の集合とも考えることができるのである（図3-2、図3-3参照）。

　ここで、式（4'）で示される割り算の幾何学的意味について考えてみよう。

　まず3次元同次空間 O-wXY を点の集合とみなし、原点 O に集中するような光線を当てた場合を考える（図3-4参照）。

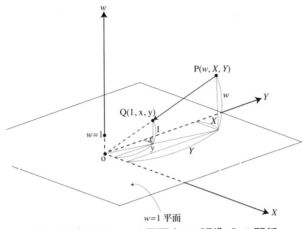

図3-4　点Pと*w*＝1平面上の"影"Qの関係

図3-4に示すように、点Pの *w* ＝1平面上における"影"Qの *x, y* 座標は、三角形の相似則の関係より、

$$w : 1 = X : x, \qquad w : 1 = Y : y$$

の関係が成り立ち、式（4′）の関係、

$$x = X/w, \qquad y = Y/w$$

が得られる。

すなわち、式（4′）の関係は、3次元同次空間の点が"影"として2次元ユークリッド平面の点となることを示している。そこで3次元同次空間のすべての点に対し光を当てたとすれば、ユークリッド平面そのものに"影"として映るのである。逆に言えば、2次元ユークリッド平面は3次元同次空間の"影"であると考えることができる。

次に三次元同次空間を、原点を通る直線の集合とみなしてみよう（図3-5参照）。

ここで *w* ＝1平面による切断点を求めてみる。

この場合、幾何的関係は"影"の場合とまったく同じであるから、切

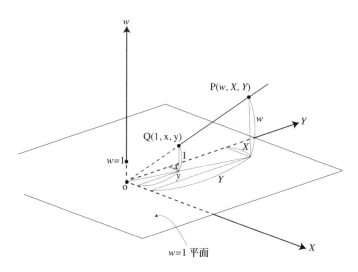

図3-5　原点 O を通る直線 OP の、$w = 1$ 平面による切断

断点 Q の座標は式（4′）の関係、

$$x = X/w, \qquad y = Y/w$$

として得られる。すなわち式（4′）は原点 O と点 P を通る直線の $w = 1$ 平面による切断を表しているのである。そこで原点を通るすべての直線に対し式（4′）の演算を実行すれば、$w = 1$ 平面、すなわち 2 次元ユークリッド平面となる。すなわち、2 次元ユークリッド平面とは 3 次元同次空間の断面であると考えることができる。

　以上より、2 次元ユークリッド平面とは、3 次元同次空間の $w = 1$ 平面上の"影"であるとも、または $w = 1$ 平面により切り取られた"切り口（断面）"であるとも言えるのである。

　具体的な図形として、例えば 3 次元同次空間 (w, X, Y) において、座標原点を頂点とする円錐について考えてみよう（図3-6参照）。この場合、

　（a）　一般に、平面による切り口は楕円となるが、

(b)　円錐の母線の一つが、$w=1$ 平面に平行であれば、"切り口（断面）"は放物線に、

(c)　円錐の中心軸が、$w=1$ 平面に平行であれば、"切り口（断面）"は双曲線になる。

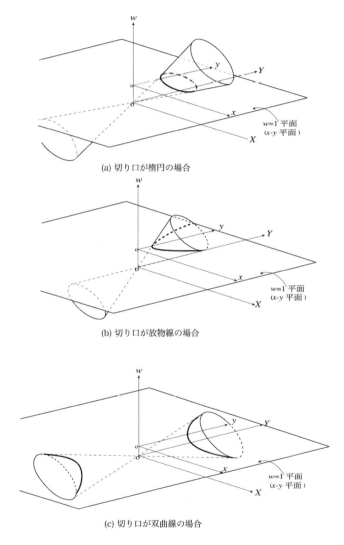

(a) 切り口が楕円の場合

(b) 切り口が放物線の場合

(c) 切り口が双曲線の場合

図3-6　楕円、放物線、双曲線は円錐の切り口の図形である

3.1.3 4次元同次空間

ここで以上の議論を、4次元同次空間と3次元ユークリッド空間との関係に移し替えてみると、われわれの存在する3次元ユークリッド空間とは、4次元同次空間の超平面 $w=1$ 上の"影"であるとも、またはその超平面により切り取られた"切り口（断面）"であるともみなすことができるのである。

3次元ユークリッド空間とは、4次元同次空間の一断面であるということを示すために、この関係を模式図化しておこう（図3-7参照）。

図3-7(b)は、4次元同次空間は3次元ユークリッド空間 $(w \neq 0)$ を含むが、そのうちの特に $w=1$ であるユークリッド空間を表示し、また同(c)は式 (2)、(3) に従い、無限遠点の集合である4次元空間部分 $(w=0)$ を、3次元ユークリッド空間と分離し表示している。図(c)は、後章においてしばしば用いる。

ここに、4次元空間部分と3次元ユークリッド空間は互いに異種で、また互いに独立な空間である。

3.1.4 4次元同次空間における3次元図形変換

一般には同次座標によるベクトル $[w\,X\,Y\,Z]$ に対して演算を行うが、ユークリッド・データであることが既知である場合（すなわち $w \neq 0$）には、簡単化のために $w=1$ とし、$[1\,x\,y\,z]$ を用いてよい。

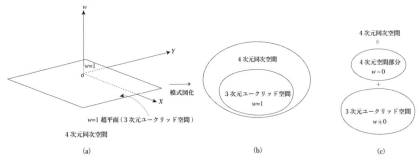

図3-7　4次元同次空間の3次元ユークリッド空間に対する関係

3次元線形変換

3次元線形変換の一般形は、

$$[1\ x\ y\ z]\begin{bmatrix} 1 & 0 & 0 & 0 \\ 0 & a & b & c \\ 0 & d & e & f \\ 0 & g & h & i \end{bmatrix} = [1\ x*\ y*\ z*]$$

となる。

　上式は行列要素の数値を適当に選べば、3次元の点 (x, y, z) に対し、x-方向、y-方向、z-軸方向への拡大、縮小や x-軸回り、y-軸回り、z-軸回りの回転などを行う。

　例えば、回転行列は、

$$\begin{bmatrix} 1 & 0 & 0 & 0 \\ 0 & 1 & 0 & 0 \\ 0 & 0 & \cos\theta & \sin\theta \\ 0 & 0 & -\sin\theta & \cos\theta \end{bmatrix} \quad \begin{bmatrix} 1 & 0 & 0 & 0 \\ 0 & \cos\theta & 0 & -\sin\theta \\ 0 & 0 & 1 & 0 \\ 0 & \sin\theta & 0 & \cos\theta \end{bmatrix} \quad \begin{bmatrix} 1 & 0 & 0 & 0 \\ 0 & \cos\theta & \sin\theta & 0 \\ 0 & -\sin\theta & \cos\theta & 0 \\ 0 & 0 & 0 & 1 \end{bmatrix}$$

　　　x-軸回りの回転　　　　　y-軸回りの回転　　　　　z-軸回りの回転

3次元アフィン変換

　3次元線形変換の後、x-方向に t_x、y-方向に t_y、z-方向に t_z だけ平行移動する3次元アフィン変換は、

$$[1\ x\ y\ z]\begin{bmatrix} 1 & t_x & t_y & t_z \\ 0 & a & b & c \\ 0 & d & e & f \\ 0 & g & h & i \end{bmatrix} = [1\ x*\ y*\ z*]$$

となる。

３次元一般射影変換

３次元の一般的な射影変換は次式で表される、

$$[w\,X\,Y\,Z]\begin{bmatrix} s & t_x & t_y & t_z \\ p & a & b & c \\ q & d & e & f \\ r & g & h & i \end{bmatrix} = [w^*\,X^*\,Y^*\,Z^*]$$

ここで、以前に示した透視図を作る問題を同次処理で行ってみよう。

ワールド座標系で表されている物体を投影座標系 $x_p\,y_p\,z_p$ の表現に変換するには、

$$M_y = \begin{bmatrix} 1 & 0 & 0 & 0 \\ 0 & \cos\theta_1 & 0 & -\sin\theta_1 \\ 0 & 0 & 1 & 0 \\ 0 & \sin\theta_1 & 0 & \cos\theta_1 \end{bmatrix} \quad M_x = \begin{bmatrix} 1 & 0 & 0 & 0 \\ 0 & 1 & 0 & 0 \\ 0 & 0 & \cos\theta_2 & \sin\theta_2 \\ 0 & 0 & -\sin\theta_2 & \cos\theta_2 \end{bmatrix}$$

$$M_{t1} = \begin{bmatrix} 1 & -x_f & -y_f & -z_f \\ 0 & 1 & 0 & 0 \\ 0 & 0 & 1 & 0 \\ 0 & 0 & 0 & 1 \end{bmatrix} \quad M_{t2} = \begin{bmatrix} 1 & 0 & 0 & k \\ 0 & 1 & 0 & 0 \\ 0 & 0 & 1 & 0 \\ 0 & 0 & 0 & 1 \end{bmatrix}$$

とすれば、

$$[1\,x_p\,y_p\,z_p] = [1\,x_w\,y_w\,z_w]M_y M_x M_{t1} M_{t2}$$

$$= [1\,x_w\,y_w\,z_w]\begin{bmatrix} 1 & 0 & 0 & 0 \\ 0 & \cos\theta_1 & 0 & -\sin\theta_1 \\ 0 & 0 & 1 & 0 \\ 0 & \sin\theta_1 & 0 & \cos\theta_1 \end{bmatrix}\begin{bmatrix} 1 & 0 & 0 & 0 \\ 0 & 1 & 0 & 0 \\ 0 & 0 & \cos\theta_2 & \sin\theta_2 \\ 0 & 0 & -\sin\theta_2 & \cos\theta_2 \end{bmatrix}\begin{bmatrix} 1 & -x_f & -y_f & -z_f \\ 0 & 1 & 0 & 0 \\ 0 & 0 & 1 & 0 \\ 0 & 0 & 0 & 1 \end{bmatrix}\begin{bmatrix} 1 & 0 & 0 & k \\ 0 & 1 & 0 & 0 \\ 0 & 0 & 1 & 0 \\ 0 & 0 & 0 & 1 \end{bmatrix}$$

$$= [1\,x_w\,y_w\,z_w]\begin{bmatrix} 1 & -x_f & -y_f & -z_f+k \\ 0 & \cos\theta_1 & \sin\theta_1\sin\theta_2 & -\sin\theta_1\cos\theta_2 \\ 0 & 0 & \cos\theta_2 & \sin\theta_2 \\ 0 & \sin\theta_1 & -\cos\theta_1\sin\theta_2 & \cos\theta_1\cos\theta_2 \end{bmatrix}$$

　ところで、投影座標系 xyz で記述された物体（z が負の領域に存在）に対し、z 軸上、$z = +k$ の位置にある視点に対する透視投影を行う行列は（図3-8参照）、

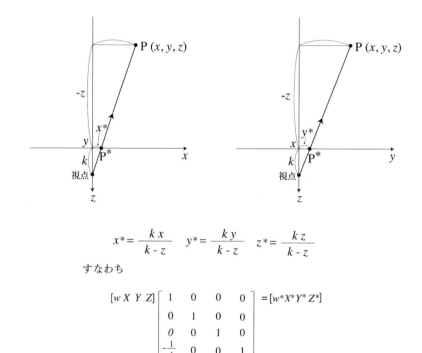

$$x^* = \frac{k\,x}{k-z} \quad y^* = \frac{k\,y}{k-z} \quad z^* = \frac{k\,z}{k-z}$$

すなわち

$$[w\ X\ Y\ Z]\begin{bmatrix} 1 & 0 & 0 & 0 \\ 0 & 1 & 0 & 0 \\ 0 & 0 & 1 & 0 \\ -\frac{1}{k} & 0 & 0 & 1 \end{bmatrix} = [w^*\,X^*\,Y^*\,Z^*]$$

図3-8　透視投影の関係と数式

図3-8を参照することにより、

$$M_\mathrm{p} = \begin{bmatrix} 1 & 0 & 0 & 0 \\ 0 & 1 & 0 & 0 \\ 0 & 0 & 1 & 0 \\ -\frac{1}{k} & 0 & 0 & 1 \end{bmatrix}$$

として、結局透視変換のすべての過程は次式で表される、

$$[w_q \quad X_q \quad Y_q \quad Z_q] = [1 \quad x_w \, y_w \, z_w] M_Y M_X M_{t1} M_{t2} M_p$$

$$= [1 \quad x_w \, y_w \, z_w] \begin{bmatrix} 1 & -x_f & -y_f & -z_f+k \\ 0 & \cos\theta_1 & \sin\theta_1 \sin\theta_2 & -\sin\theta_1 \cos\theta_2 \\ 0 & 0 & \cos\theta_2 & \sin\theta_2 \\ 0 & \sin\theta_1 & -\cos\theta_1 \sin\theta_2 & \cos\theta_1 \cos\theta_2 \end{bmatrix} \begin{bmatrix} 1 & 0 & 0 & 0 \\ 0 & 1 & 0 & 0 \\ 0 & 0 & 1 & 0 \\ -\dfrac{1}{k} & 0 & 0 & 1 \end{bmatrix}$$

$$= [1 \quad x_w \, y_w \, z_w] \begin{bmatrix} \dfrac{z_f}{k} & -x_f & -y_f & -z_f+k \\ \dfrac{\sin\theta_1 \cos\theta_2}{k} & \cos\theta_1 & \sin\theta_1 \sin\theta_2 & -\sin\theta_1 \cos\theta_2 \\ -\dfrac{\sin\theta_2}{k} & 0 & \cos\theta_2 & \sin\theta_2 \\ -\dfrac{\cos\theta_1 \cos\theta_2}{k} & \sin\theta_1 & -\cos\theta_1 \sin\theta_2 & \cos\theta_1 \cos\theta_2 \end{bmatrix}$$

したがって、

$$w_q = (\sin\theta_1 \cos\theta_2 \cdot x_w - \sin\theta_2 \cdot y_w - \cos\theta_1 \cos\theta_2 \cdot z_w + z_f)/k$$

$$X_q = \cos\theta_1 \cdot x_w + \sin\theta_1 \cdot z_w - x_f$$

$$Y_q = \sin\theta_1 \sin\theta_2 \cdot x_w + \cos\theta_2 \cdot y_w - \cos\theta_1 \sin\theta_2 \cdot z_w - y_f$$

$$Z_q = -\sin\theta_1 \cos\theta_2 \cdot x_w + \sin\theta_2 \cdot y_w + \cos\theta_1 \cos\theta_2 \cdot z_w - z_f + k$$

よって、

$$x_q = X_q/w_q$$
$$= k(\cos\theta_1 \cdot x_w + \sin\theta_1 \cdot z_w - x_f)/(\sin\theta_1 \cos\theta_2 \cdot x_w - \sin\theta_2 \cdot y_w - \cos\theta_1 \cos\theta_2 \cdot z_w + z_f)$$

$$y_q = Y_q/w_q$$
$$= k(\sin\theta_1 \sin\theta_2 \cdot x_w + \cos\theta_2 \cdot y_w - \cos\theta_1 \sin\theta_2 \cdot z_w - y_f)/(\sin\theta_1 \cos\theta_2 \cdot x_w - \sin\theta_2 \cdot y_w - \cos\theta_1 \cos\theta_2 \cdot z_w + z_f)$$

$$z_q = Z_q/w_q$$
$$= k(-\sin\theta_1\cos\theta_2 \cdot x_w + \sin\theta_2 \cdot y_w + \cos\theta_1\cos\theta_2 \cdot z_w - z_f + k)/(\sin\theta_1\cos\theta_2 \cdot x_w -$$
$$\sin\theta_2 \cdot y_w - \cos\theta_1\cos\theta_2 \cdot z_w + z_f)$$

　以上の結果は、すでに示したユークリッド処理の場合と同じである。

　同次処理では射影変換が線形化されるので、変換はすべて4×4行列により統一的に表され、引き続く変換はその行列の積により、単一の4×4行列にまとめられる。

3.1.5　分数表現と同次座標

"1.3 割り算の役割"において、分数表現の意味について考察した。すなわち、数の表示の仕方として小数表現は、小数点以下長く続く数の場合には途中で打ち切らざるを得なくなり、誤差の問題が生じることがある。そこで、一つの数の表現を、もう一つの数を導入することにより、二つの数の比として表現しようとするのが分数表現であった。すなわち、分数 b/a の場合、b とは、真の数値を a 倍した値であることを意味し、a は b のスケール（倍率）を表している。

　分数の場合は、スケールの考えを一つの数に適用したのであるが、同次座標 (w, X, Y, Z) とは、この考えをユークリッド座標に適用して4次元座標としたものである。すなわち、(X, Y, Z) は、真の座標値を w 倍したことを示すために、(w, X, Y, Z) として示したものである。したがって、4次元同次座標の4次元目の座標とはスケールを表しているのである。すなわち小数を分数化した手法が同次座標において使われているとみなすことができる。ここに同次座標の場合には、$(0, X, Y, Z)$ として、スケール0が認められることが特異であり、大きな利点となる。

　スケール w が存在するメリットとして、扱えるユークリッド空間の範囲を拡大したり縮小したりできる機能がある。コンピュータの表現できる数の大きさは、コンピュータ記憶のデータ長により制限を受ける。しかしユークリッド座標 x, y, z の場合に対し、同次座標 $(w, X, Y, Z) \equiv (w, wx, wy, wz)$ 表現はスケール w を持つので、w の値により、表

現し得るユークリッド座標の値の大きさを拡大したり縮小したり制御できる。例えば$0 < w < 1$の範囲でwの値を変化させれば、より広い視野に相当する広範囲の空間を扱うことができ、これはプロローグで示したメイズ・ガーデンにおける鷲の視野の広さの効果に相当すると言えよう。

　また同次座標の場合には$w = 0$が許され、$(0, X, Y, Z)$は、ベクトル$[X\ Y\ Z]$方向の無限遠点を表す。4次元同次処理においては、この無限遠点が、次節に示すようなさまざまな特長を同次処理にもたらしている。

　またこの4次元空間部分$(0, X, Y, Z)$の存在が、本書後半における4次元同次空間の哲学的議論において大きな役割を果たしているのである。

3.2　4次元同次図形処理の完全性
　4次元同次処理を、従来のユークリッド処理と比較してみよう。

同次処理における割り算の意味
　4次元同次処理においては、処理は同次座標(w, X, Y, Z)を用いて行われ、演算が続く限り、基本的に割り算が行われることはなく、演算の最後の結果も同次座標で表現される。同次座標はコンピュータが扱う限り誠に便利である。しかしそもそも演算は人間の要求によりなされたものであるから、その結果は最後には人間の理解が容易な形式に変換されなければならない。

　そこですべての処理の一番最後に一度だけ、第3章における式（4）による割り算、

$$(1, X/w, Y/w, Z/w) \equiv (1, x, y, z) \tag{4}$$

を行い、人間にとって理解の容易なユークリッド座標、つまり同次座標をスケールwが"1"である表現に直すのである（図3-9）。

　割り算は、1.3節においてすでに述べたように、人間の理解可能な表

図3-9　同次処理における割り算の役割

現に変換する役割を持っていることに注意したい。

　同次座標表現はコンピュータの扱いには適しているが、人間には分かりにくいのである。人間に分かるようにするために座標をスケール w で割り算する。

　割り算は、機械空間と人間空間の間のインターフェース（interface）である。

図形の数式記述

　図形は、$w=1$ 平面上にあるものとする。

　ユークリッド空間より1次元高い同次空間において、図形は原点を通過する1次元高次の図形となる。すなわち、点は原点を通過しその点を通る直線により、線分は原点を通過し線分上の点を通る扇形面状線束で、また多角形は原点を通過し多角形面上の点を通る角錐形状線束により表される（図3-10）。

　同次処理においては、図形の数式記述は統一的、一般的、かつ簡潔に表現される。

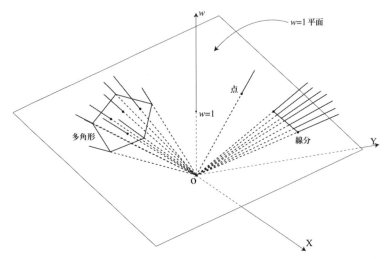

図3-10　同次空間における点、線分、多角形

最も簡単な図形である線分の記述を例に以下示す[2]。

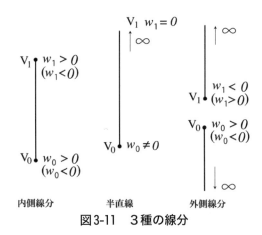

図3-11　３種の線分

通常、線分とは、図3-11における内側線分を指すが、これに一般的な射影変換をほどこすと、半直線に変換されることもあり、また外側線分に変換されることもある。

54

　ユークリッド処理の場合、このような3種類の線分を数式で扱う際に、それぞれを異なる式表現として扱うため処理が非常に煩雑化する。

　一方、同次処理の場合には、簡潔な唯一つの式表現により統一的に記述できるのである。すなわち両端点を同次座標により $V_0(w_0, X_0, Y_0)$、$V_1(w_1, X_1, Y_1)$ として与えれば、同次線分の式は、

$$V = \xi_0 V_0 + \xi_1 V_1 \qquad (\xi_0, \xi_1 \geq 0) \vee (\xi_0, \xi_1 \leq 0)$$

となる。この場合、図3-11に示すように、端点同次座標 w の符号の組み合わせにより、内側線分、半直線、外側線分を区別し統一的に表現される。

　すなわち同次処理の記述方式は射影不変である。

　さらに、このような3種類の線分同士の交差判定問題を考えてみよう（図3-12）。

　ユークリッド空間処理の場合は、6種類の交差関係において、どの交差の場合に相当するかを判定し、それぞれの場合の交差判定をすることになり、これは極めて複雑である。

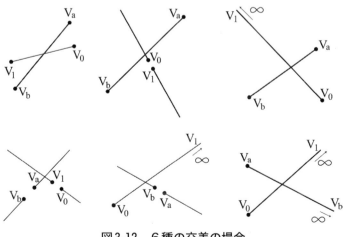

図3-12　6種の交差の場合

一方同次処理の場合は、以下の単一の、簡潔な判定条件により、交差判定を統一的、一般的に行うことができるのである。すなわち、

$$(S_{01ab} = 0) \wedge (F_{01a} \cdot F_{01b} \leq 0) \wedge (F_{ab0} \cdot F_{ab1} \leq 0)$$

ここに、

$$S_{01ab} \equiv \begin{vmatrix} w_0 & X_0 & Y_0 & Z_0 \\ w_1 & X_1 & Y_1 & Z_1 \\ w_a & X_a & Y_a & Z_a \\ w_b & X_b & Y_b & Z_b \end{vmatrix}$$

$$\boldsymbol{F}_{01a} \equiv \left[\begin{vmatrix} X_0 & Y_0 & Z_0 \\ X_1 & Y_1 & Z_1 \\ X_a & Y_a & Z_a \end{vmatrix} \begin{vmatrix} w_0 & Z_0 & Y_0 \\ w_1 & Z_1 & Y_1 \\ w_a & Z_a & Y_a \end{vmatrix} \begin{vmatrix} w_0 & X_0 & Z_0 \\ w_1 & X_1 & Z_1 \\ w_a & X_a & Z_a \end{vmatrix} \begin{vmatrix} w_0 & Y_0 & X_0 \\ w_1 & Y_1 & X_1 \\ w_a & Y_a & X_a \end{vmatrix} \right]$$

　すなわち、同次処理では、図形の記述が射影不変であるから、その判定条件も射影不変であり、きわめて一般的、統一的である。

　次に、図形の変換処理について考える。

変換

　すでに2.3節で示したように、ユークリッド処理においては、変換は線形変換、アフィン変換、および一般射影変換はそれぞれ独自の異なる式表現で表される。

　一方同次変換の場合、3.1.4項で示したように、例えば3次元の場合、これら3種類のすべての変換は、その種類に依存せず4×4行列により、統一的、一般的かつ簡潔に表現される。

　また変換の処理にあたっては、連続する変換は行列の積により、等価な単一の4×4行列により置き換えられ実行される。

　すなわちユークリッド処理では線形でない変換も、同次処理においては線形化され、ユークリッド処理に比べ非常に簡潔化されるのである。

双対性

ここでいう双対性とは、仮に2次元平面上の場合を例にとれば、幾何学的命題において、点と直線を交換しても成立する性質のことである。例えば"二つの異なる点は一つの直線を作る"という命題の双対は、"二つの異なる直線は一つの点を作る"である。

ユークリッド処理の場合、前半は成立するが、後半は、平行な二つの直線は交点を作らないので、双対性は完全には成立しない。

一方、同次処理では平行な二つの直線はその方向の無限遠点を交点として明示的に持つので、厳密に双対性が成立するのである。

双対性が完全に成立する環境においては、この例の場合、2点の同次座標データを入力として直線の同次係数を出力する関数は、そのまま二つの直線の同次係数を入力することによって、交点の同次座標を出力させることができる。すなわち一つのプログラムを互いに双対な二つの目的のために使用できるのである。

無誤差演算

ユークリッド処理の演算には必然的にある程度の誤差が伴う。しかし図形処理分野のある種の演算においては、絶対的な無誤差演算を求められることがある。例えば、図形相互の集合演算の場合である。

同次処理においては、数値を有理数近似して表現し整数演算を行えば、割り算を実行しないので完全無誤差演算が可能である。したがって、演算誤差に基づく集合演算の不安定さを排除できる。

図形の記述は任意の精度で有理数近似できるので、図形の記述精度において近似誤差は通常、問題とならない。

処理の安定性

最も簡単な例として平面上の二つの直線の交差について考える。

二つの直線が平行の場合、ユークリッド数学ではこの場合を扱うことができないので、コンピュータ・システムの処理上、何らかの対応を迫られる。すなわち、ここに処理の不安定さが生ずる原因が存在するので

ある。

　ところで同次処理の場合にはどうなるのであろうか。

　同次処理においては、処理は原点を通る1次元高次の図形に対して行う。

　3次元座標空間 O-wXY において、$w=1$ 平面をユークリッド平面であるとみなす。この平面上の2点を通過する直線は、原点 O とその2点により作られる平面に置き換えられるのである。すなわち $w=1$ 平面上のすべての直線の集合は、3次元空間における原点を通過するすべての平面の集合、すなわち平面束に置き換えられるのである（図3-13参照）。したがってこのように直線の代わりの、原点を通過する平面同士は、必ず原点を通過する交線、すなわち交点を持つのである。

　図3-14(a)において、$w=1$ 平面上における交差する2直線は、原点を通る直線を交線として持つ。また図3-14(b) において、$w=1$ 平面上における平行な2直線は、$w=0$ 平面上に交線を持つ。この交線とは、交線の方向の無限遠点を意味するのである。

　すなわち同次処理においては、$w=1$ 平面上における平行な2直線を含めすべての2直線は必ず交点を持ち、原点を通過する直線として表されるのである。したがって、不安定な要因が存在しないのである。

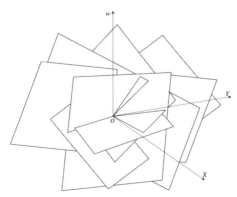

図3-13　原点を通過する平面束

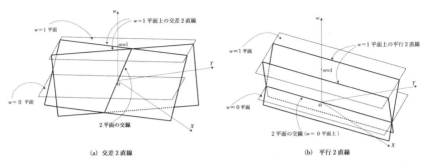

(a) 交差２直線　　　　　　　　　　(b) 平行２直線

図3-14　同次処理における、交差する２直線の交差と平行な２直線の交差

　最後に、ユークリッド処理の問題点の認識から同次処理実現に至った経緯と達成された新しい処理方式の特長を図3-15にまとめておく。

　ここにおいて、まず割り算が諸悪の根源として認識された。割り算の大きな問題はゼロ割りである。同次座標が導入され、無限遠点の扱いが可能となったことにより割り算の排除が実現されたのであった。その結果、本来３次元の空間処理が４次元空間で行われることになったのである。

　すなわち、従来の３次元ユークリッド空間処理が、新しい方式では、従来の３次元ユークリッド空間に加えて、４次元空間部分（無限遠点の集まりの空間）をも用いる処理に代わったのである。この関係は、パート３で哲学的考察を行う際、取り上げる。

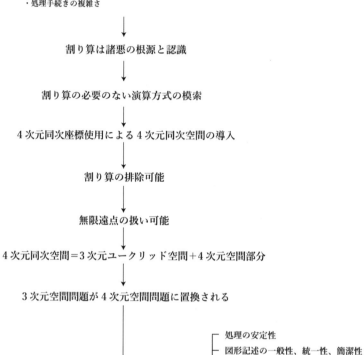

3次元ユークリッド空間処理の問題点の認識

・割り算による不安定さ（平行に近い二つの直線の交差など）
・割り算に伴う演算誤差による処理の不安定さ（集合演算など）
・処理手続きの複雑さ

割り算は諸悪の根源と認識

割り算の必要のない演算方式の模索

4次元同次座標使用による4次元同次空間の導入

割り算の排除可能

無限遠点の扱い可能

4次元同次空間＝3次元ユークリッド空間＋4次元空間部分

3次元空間問題が4次元空間問題に置換される

得られた特長
- 処理の安定性
- 図形記述の一般性、統一性、簡潔性
- 図形処理（変換など）の一般性、統一性、簡潔性
- 完全な双対性
- 無誤差演算の可能性

図3-15　ユークリッド処理の問題点認識から同次処理に至る経緯

3.3　4次元同次図形処理の成功は何を意味するか？

　3次元図形処理の目的は、現実に存在する立体、すなわち3次元図形のコンピュータによる処理である。3次元図形は数学的には3次元ユークリッド空間に存在する。したがってその処理を3次元ユークリッド数学に基づき行うことはごく自然なことである。これが従来の図形処理であった。

　ところが、従来の図形処理には幾つかの解決困難な問題が存在した。簡単な例としては、平行線またはそれに近い二つの直線の交点の扱いである。ユークリッド数学ではゼロによる割り算を行うことができないので、この問題を完全に解決することは不可能である。図形処理においてゼロで割り算することとは、無限遠点を求めようとする際に生じるのである。実は完全な図形処理を実現するためには、無限遠点が重要な役割を持っているのである。

　そこでユークリッド座標の代わりに、無限遠点を明示的に記述できる4次元同次座標を導入することによって、割り算を避けたのが4次元同次図形処理である。

　4次元同次図形処理によって、処理パラダイムが従来の3次元ユークリッド空間から4次元同次空間に代わり、割り算に起因した困難な問題点が一挙に、きれいな形式で、すっきりと解決されてしまったのである（"3.2　4次元同次図形処理の完全性"参照）。

　この解決はあまりに鮮やかで印象的である。すなわち、

　　図形の数式記述の、一般性、統一性、簡潔性、
　　図形の処理の、安定性、一般性（射影不変性）、統一性、簡潔性
　　（線形性）、双対性、無誤差演算

など、従来処理では不可能であった事柄が実現できたのである。
　この事実が意味することは、

　　　本来的には3次元の図形処理に対し、3次元ユークリッド空間を
　　　処理空間とすることは適切ではなく、4次元同次空間がそのための
　　　適正な処理空間である、

である。
　ここに4次元同次空間とは、3次元ユークリッド空間に4次元空間部分を加えた空間であることを考慮すると、上の文言は次のように言い換

えることもできる。すなわち、

　本来的には３次元の図形処理に対し、単に３次元ユークリッド空間で処理することは適切ではなく、４次元空間部分を加えた空間において処理することが適正である、

となる。

　さて、本来的には３次元の問題を、それより１次元高い空間の処理とすることにより、既存空間に存在した難問題がことごとく解決してしまったということは、大きな意味を持っているのではないだろうか。もしこの解決の本質的な、哲学的原理が解明されたとするならば、単に図形処理の分野にとどまらず、より一般的な問題対象に対する問題解決の指針となることが期待できるのである。
　すなわち、

　　われわれは現実に３次元空間である“この世”の中で生活し、政治、経済、……などの様々な困難な問題を抱えている。その困難な問題を解決するための基本的な、原理的な手がかり、方向性が得られると期待できるのである。

　本書では、これからこの大問題を少しずつ考えてみることにしよう。

◆ 参考文献

［ 1 ］ Fujio Yamaguchi: *Computer-Aided Geometric Design—A Totally Four-Dimensional Approach—*, Springer-Verlag, 2002.
［ 2 ］ Niizeki, M. and F. Yamaguchi: Projectively Invariant Intersection Detections for Solid Modeling, *ACM Transactions on Graphics*, Vol. 13, No. 3, 1994.

パート2　4次元同次処理理論が与える直感的示唆

　パート1の結論は要するに、対象とする空間を、1次元高次の空間の処理に置き換えることによって、対象空間に存在したさまざまな問題点が解消されるということである。

　この事実は著者にとって、工学とは別の観点からも少なからざる興味と関心を惹くものであった。

　この原理は、数学とは考え方が異なっているように見える、人間社会一般の諸問題に対しても何らかの意味を持っているのではあるまいか。

　この問題解決の原理を直感的な、簡単な表現で表してみたのが本書のタイトル「1次元高い世界で考える」である。

　本問題の哲学的な根本的検討の詳細はパート3、パート4で行うことにして、パート2では、もっぱら直感的に推測し、理解できる範囲に限定し考察する。

　まず第4章では、非日常的な生活の場面においてしばしば必要とされる大局的な観点による思考形式が、「1次元高い世界で考える」という原理と密接に関係していることを指摘する。

　さらには、大規模組織のリーダーの備えるべき能力とも関係することを指摘する。

　そこで、世界歴史上の優れたリーダーの代表例としてプロイセン王国（ドイツ）のビスマルクを取り上げ、本原理と彼のリーダーシップとの関係についてやや詳しく調べる。

　すなわち第5章では、彼を育てたプロイセンという特異な王国、彼に影響を与えた哲学、及び彼の属したドイツ参謀本部という、当時における先端的な思想を持つ軍事スタッフ組織について調べる。

　また第6章ではビスマルクの残した事績をやや詳細に調べ、彼の示したリーダーシップと「1次元高い世界で考える」との関連性について考察する。

パート2の事例は、本書の後半でしばしば引用される。

第4章　大局的な視点で考える

4.1　非日常の場面で求められる鷲の眼の知力

　われわれは日常、その時、その場でなすべきことにできるだけしっかり対応しようとして過ごしている。つまり普通の生活の場では、その時点、時点の物事に集中して、対処している。

　ところでそのような日常性から離れて、例えば将棋とかテニスとかの世界に浸って時間を過ごしていると、日常とは違う種類の頭の働きが必要となることに気付くのである。

　将棋でもテニスでも同じことだが、まず局面局面での局所的な場面に対し、局所的に対応し、戦うのだが、一般にそのための"戦術"だけではゲームの最終的な勝ちにはつながりにくい。このような局所に対応した頭の働きとともに、盤面なりテニスコートの全体を見渡し、現在の状況を大局的に把握し、またゲームの進行をある程度、先まで見通し、いかにゲームを進めるか、という観点からの勝つための"戦略"も重要となるのである。

　企業の"課"のような組織においては、課員が各自の職務をきちんと果たすことは、もちろんまず求められることである。一方リーダーとしての課長は、絶えず部下の能力や仕事ぶりを全体的に観察し、課の所属する"部"から求められる要求に対して、どのようなテーマを選定し、問題のテーマを誰と誰とを協調させて実行するか、などを課長としての一段高い立場から考え、リーダーシップを発揮することが求められる。

　ここに、対象を大局的に見て現況を捉えるという、非日常的な頭の働かせ方、思考形式があることに気が付くのである。これはまさに「1次元高い世界で考える」という思考形式である。

　本書プロローグにおいては、メイズ・ガーデンを見下ろす鷲の写真を示した。ここで問題となるのは幾何学的な"<u>距離空間</u>の意味の次元"の

高さであって、これは分かりやすい。

　ところで将棋やテニスの場合の次元の高さは、やや複雑である。

　確かに将棋の盤面とかテニスコートにいるプレイヤーの存在するコート面の状況を頭に入れ大局的に判断するという"距離空間の意味の次元"は非常に重要で、これはメイズ・ガーデンの場合と同様である。しかしこのような距離空間的な意味の次元だけでなく、ゲームの進行の先を予測するという、時間空間の意味の大局的な判断も問題になる。すなわち相手の過去からの対応の傾向、癖を想起し、相手の次の方向性を予測することである。この点が将棋やテニスのゲームを複雑化し、そのためにゲームを奥深く、興味深いものとする。すなわち、この場合は"時間空間の意味の次元"の重要さも加わる。

　また会社の課長の場合は、距離空間的な意味の大局的な判断とともに、課長としての一段高い立場に立って、"部"の目的を念頭に置きつつ、課員の能力をいかに発揮させ、課としての総合力を高め、最終的に会社に貢献するかという、"抽象的な意味の次元"の高さも求められる。

　ところで、人間の知力には二つの種類があると言われる。譬えて言えば、「駝鳥の足」がもたらす知力と「鷲の眼」がもたらす知力である。

　駝鳥は地に足をつけてとことこと力強く駆け回る能力を持っているので、実務を手堅くやりこなす知力を想像させる。駝鳥は地に足がついていることの強みを持っているが、鷲が上空を飛んでいる時のような広い視野による洞察力は期待できにくいだろう。すなわち「鷲の眼」の知力は、大局的な洞察力という、人間にとってはとても貴重な、得難い能力に対応しているとみなせよう。

　ここに挙げた例で言えば、将棋の"手"を学んだり、テニスの技術を学んだり、または企業の職員が示す実務処理能力は、「駝鳥の足」に相当する知力とみなせよう。また将棋で先の先までの展開を見通す能力やテニスのゲームで先の展開を予測し対応できる能力、または課長が部下の能力を適切に生かし、課の実績を上げるかは「鷲の眼」の知力に相当するとみなすことができるだろう。

「駝鳥の足」も、また「鷲の眼」も、いずれの知力も大切であることは間違いない。

　しかし、「駝鳥の足」の知力は、学習によって、訓練によって、または社会における経験を積み重ねることにより得られることがわかっている。ところが「鷲の眼」の知力に関しては、その能力向上のための強化手段がまだはっきりとは解明されていないように思える。

「鷲の眼」の知力、すなわち広い視野がもたらす大局的な思考と判断による洞察力は、非日常的な場面にも必要とされるし、大組織のリーダーに求められる能力にも密接に関係していると思われる。

4.2　大組織のリーダーに求められる能力

　大きな組織を適切に、その機能を十分に発揮し動かすことは非常に難しいことであると言われている。比較的小さな組織体なら、それを率いるリーダーの個人的統率力によりすべてを行えるかもしれない。しかし、そのサイズがある限度を超えると、巨大組織ゆえの新たな問題が生ずるのである。

　天才ナポレオンは歴史的に初めて徴兵制を導入し、それによりふんだんに得られた数万を超える兵を率い、連戦連勝した。しかし、1812年の春にナポレオンは55万ぐらいの大兵力で、モスクワ遠征に向かい、モスクワから逃げ帰った時はたった1000人ぐらいだった、と言われている。決定的な問題は「あまりにも大軍すぎた」というところから生じている。50万を徴兵することは容易であるが、その50万を使うことは大変に難しいのである。優れたリーダーが戦場を直接掌握できる範囲を超えた時、"大規模"という魔性が入り込んでくることにナポレオンは気付かなかったのだ。

　大規模組織を柔軟に効果的に動かすには、優れたリーダー（司令官）とともに充実したスタッフ（参謀）組織が求められるのであり、リーダーには、スタッフ組織をも含めた全体の組織を率いることが求められる。

　ナポレオンはそのスタッフ組織を持たなかったのである。

　大規模組織を日本国としてみたら、スタッフ組織は官僚であり、リーダーは政権政党、その頂点に首相が存在する。

　ナポレオン戦争で国の存立すら脅かされるほど徹底的に傷めつけられたプロイセン王国では、ナポレオン戦争後、深く事態を反省し、スタッフ組織の必要性を認識し、世界歴史上初めて参謀本部という組織体を実現した。ドイツ参謀本部の果たした効果は、その数十年後、普墺戦争、普仏戦争において見事に実証されたのであった。

　スタッフ組織とその運営のノウ・ハウに関しては、ドイツ参謀本部の例が詳しく調べ上げられ、明らかにされている。ところが一方、リーダーに関しては、偶然の発生を待つだけというのが現状であり、その養成法はドイツ参謀本部で示されたスタッフ組織とは別の原理に立つもののようである。

　われわれは以下に、卓越したリーダーと言われるビスマルクの事績を調べることによって、大組織体のリーダーシップはいかにあるべきかを学びたいのである。そのためにはまず、ドイツ参謀本部について知らなければならない。

第5章　ドイツ参謀本部[1]

5.1　プロイセン王国

　プロイセン王国の源流をなすホーエンツォレルン家は、もともとは西南部ドイツ（Hechingen, Baden-Württemberg Land）の小貴族であった。

　中世のころにフランケン地方にも勢力を得、さらに15世紀初めに、かつてスラヴ族の侵入に備えてドイツの東北に設けられたベルリン近くのブランデンブルク辺境伯領を領有した。以来この地は東方発展の要地となった。

　17世紀、ドイツ騎士団によって作られたプロイセン公国と合併し（1618、ブランデンブルク＝プロイセン同君連合）、大選帝侯フリード

リッヒ＝ヴィルヘルムのとき、新教国として30年戦争（1618－48）に参加して、バルト海沿岸の東ポメラニアを獲得し、オーストリアにつぐドイツ第2の大国に躍進したのである。さらにその子はスペイン継承戦争（1701－14）に参加、活躍し、1701年、ドイツ皇帝よりプロイセン王の称号を許されてフリードリッヒ1世と称し、まもなくベルリンを首都に定めた（プロイセン王国）。

　30年戦争により特に西ドイツは悲惨な荒廃を被り、ドイツは統一国家として近代化を進める力もなくなった。その状態で、三十幾つもの領邦君主たちはそれぞれ主権を獲得し、ドイツは領邦・都市への分裂が進んだ。結果として比較的進んでいた西ドイツに代わり、復興の中心はエルベ川以東の東ドイツに移ったのである。

　以後の近代ドイツ形成の中核となるのは、領邦国家として発展してきたプロイセンであった。

　プロイセン王国の中心となって働いたのは、若い騎士や貴族だった。彼らをユンカー（Junker）と呼ぶが、ユング（jung＝young 若い）とヘア（Her＝貴族）とを合わせてつくった語で、わが国で言えばさしずめ「若殿原」といったところだろう。つまり侯爵や伯爵の息子のことである。彼らは若い頃から他の貴族の小姓として従軍し、ドイツ騎士団に属してドイツ北東部の異教徒と戦ったものであった。それが後に大農場所有の小貴族を指すようになったのである。ユンカーは農場を自ら経営したが、その次男以下の男子は、プロイセン王国の官僚や常備軍の将校になり、後のドイツ参謀本部の中核をなすに至るのである。

　17世紀の半ばごろには、取るに足らないドイツの一貴族の国であったプロイセン王国は、わずかの間にヨーロッパの台風の目となったのである。18世紀に国王がフリードリッヒ大王（Friedrich der Große, 1712–86）の代となり、プロイセン王国は強国の仲間入りをする。

　つまりプロイセンという国は、ホーエンツォレルン家の一族がユンカーとともに何百年にもわたって、北ドイツに血を流してつくり上げた国であった。

プロイセンは、「国が軍を持つに非ずして、軍がその軍営として用いる国を持っているのだ」と言われる状態にまでなり、ついにドイツはヒトラーを生むに至る。

5.2　フリードリッヒ大王

フリードリッヒ大王について語るにあたっては、まずこの時代に特有な"制限戦争"に触れる必要がある。

17世紀前半に行われた30年戦争は、もともとは宗教的情熱から始まり、それが悪魔のように恐ろしい戦いとなった。その結果が宗教的にむなしいものとなったことから、宗教に対する反動・反省としてヨーロッパは、理性の大切さをより強く認識するようになり、その影響は戦争のあり方にまで及んだ。すなわち戦争は一転してスポーツかゲームのようなものとなり、理性的に、また人道的に行おうとされたのである。

戦争では、相手を鏖殺（おうさつ）するとか、徹底的に叩きのめすことはしないのはもちろんのこと、熱狂や憎悪がむき出しにならないように気を遣って行われた。また一般人には危害が及ばないようにつとめ、戦争においても騎士道的なルールはよく守られた。このように抑制されたこの時代の特異な戦争を"制限戦争（limited warfare）"と呼ぶのである。

制限戦争の頃の一例を挙げてみよう[1]。

オーストリア王位継承戦争（1740－48）におけるフォントノアの戦いで、英国の近衛連隊とフランスの近衛連隊とが遭遇した。両軍がしばらく睨み合っていてから英国の司令官がフランスの司令官に、どうぞお先に、と発砲を勧め、フランスの司令官が辞退し、しばらく譲り合って結局、英国側が先に発砲してフランス側の第一線がほとんど全滅したという、嘘のようだが本当の事実がある。しかしこの戦いで結局はフランス側が勝ち、両国の負傷兵は付近の村で手厚い看護を受けてからそれぞれの故郷に帰されたということである。

大王が最後に関わった大きな戦争に7年戦争（1756－63）がある。これは、ハプスブルク家がオーストリア継承戦争で失ったシュレージェン地方（大炭田が発見されてからは争奪の対象となった地域）をプロイ

センから奪回しようとして起こった。

　プロイセンにとって相手は、オーストリア、フランス、ロシアの３国に加えてスウェーデンで、同時に多正面戦争をしなければならなかった。人口的には１対30（人口の大きさは当時のヨーロッパにあっては国力を示し、軍隊の規模の大きさを示すものだった）の戦いで勝てるはずもなく、事実勝たなかった。16回の戦闘のうち半分は負け戦であった。しかし、最終的な平和条約においては、最も肝心なシュレージェンとグラーツに関しては自己の所有とすることができたのであった。彼は戦闘には負けても戦争には勝ったのである。

　彼は類のないタフなファイン・プレイを見せたのであり、ヨーロッパを驚かせ、感嘆させた。ロシア皇帝ピョートル３世などは、大王を敬慕するあまり、ロシアが占領していた土地を返還するばかりでなく、援兵まで申し出たくらいであった。

　それでは、どうしてフリードリッヒ大王は１：30という絶対的に不利な戦争をやり通せたであろうか。彼のやり方を調べてみよう。

　第一に、国王は宮廷にいるのでなく戦場の最高司令官であった。制限戦争時代には戦闘は極端に嫌われていたのに、彼は戦闘を怖れぬ稀有な指揮官であった。またユンカー階級は親子代々の将校団として定着し、大王に対する服従は徹底していた。戦時においては国家予算の92％をも軍備にまわし、小国であっても15万から20万の軍を使用できた。

　第二に、兵站（ロジスティックス）を重視した。大王は、制限戦争のキー・ポイントは敵の補給路を断つことにあると考えた。

　第三に、軍律は厳格であり練兵を徹底した。大王は、無理な命令を発した時でも、それが実行されるであろうことを確信できた。これは用兵の妙が圧倒的に重要な制限戦争の“戦闘ゲーム”においては重要なことであった。

　第四は、大王の“工夫の才”である。大王は戦争ゲームの戦術に関してさまざまな独特な工夫を凝らし、勝利に導いた。

　フリードリッヒ大王は７年戦争決着後の、死ぬまでの23年間、一度も戦闘に入ったことがなかった。戦争は起こりかけたが、軍を進めるだ

けで戦わずして話がついた。制限戦争という時代の戦争ゲームの極致である。

　フリードリッヒ大王の戦いは、シュレージェン地方の確保ということに目標が限定されていたから、晩年の二十数年はきわめて平和であり、国民の数も即位当時の3倍近い600万に達し、国土は繁栄し文物も興った（これに比し、その後フランスに登場したナポレオンの場合は、目標が広大で少しも制限されていなかった）。

　大王はフランス文化を知り尽くすなど学問と芸術にも明るく、特にフルートの名手であった。哲学者のヴォルテールと親密に交際し、全30巻にも及ぶ膨大な著作を著し、哲人王とも呼ばれた。

　フリードリッヒの父親フリードリッヒ・ヴィルヘルム1世は、文弱だった息子を将来の王とするために徹底的にしごき上げた。フリードリッヒは幼い頃から当然自分はこの由緒ある強国の王になるという自覚のもとに成長していった。すなわち、高い視点のもとに物事を考え、判断するという習慣は生得的に身につけられていたことになる。

　リーダーとなるための要件として、このようにリーダーとしての将来を約束されているような出自、環境を持つことは理想的である。このことは、例えば昭和天皇の『昭和天皇独白録』を読むと、天皇が昭和史の折々の出来事についてご自分のご意見を述べられているが、そこに示された抜群の判断力と英明なお考えが納得できるのである。これに関連しては、著者は前総理安倍晋三氏に関しても同様に考えている。

　大王は、「国が軍を持つに非ずして、軍がその軍営として用いる国を持っているのだ」と言われるほど軍事力の拡充に努めた。戦時においては、国家予算の90%余りを軍事につぎ込んだ。また大王直下には参謀組織の原型とも言える進歩的な要素をすでに蔵していた。

　しかし、彼はむやみに戦争を繰り返すのではなく、限度をわきまえていた。戦争というものを単に戦闘に勝つというレベルでは考えていなかった。彼は戦争を政治の一種として考え、戦ったのである。7年戦争の場合、戦闘には負けてもいいのだ、肝心な要件であるシュレージェン

地域がこちらのものになっていればそれでいいのだと高いレベルで判断した。

　フリードリッヒは高い立場で、高い見識のもとに国家を運営することに成功したということである。さすが、彼は大王と呼ばれるにふさわしい人物であった。彼は、「1次元高い世界で考える」を地で行った人であった。

5.3　ドイツ参謀本部の誕生と発展

　ドイツ参謀本部とは、文字通りスタッフ組織であるが、それを調べてみると、スタッフに対比してリーダーのあるべき姿が浮かび上がってくるのである。

　さてフリードリッヒ大王は国王にして大元帥、しかも戦場の指揮官であったが、同時に参謀総長でもあった。参謀職にあたるような部門は、すでに大王の曽祖父の頃から一応存在し、兵站幕僚の任務として、武器や設営、行軍路の管理、野営地の設定、要塞の設置などをやらせていた。しかし兵站部は恒久的な組織ではなく、戦争が起こった時にはじめて召集され、そのたびに新しく編成されるアド・ホックなものであった。

　実は1758年（7年戦争の頃）以後は、フリードリッヒの制限戦争を理想的な形に仕上げ、晩年の彼をして「戦闘なき戦争」の常勝者たらしめたのはアンハルトという大佐であった。このプロイセン最初の参謀総長ともいうべき人は、終始 "無名" であった。彼の仕事は、文字通り帷幄の中の、人の目につかぬところで極秘裏に行われ、その活動の意味を本当に知っていた人は大王自身ぐらいであった。もちろん一般人に彼の名前が知れることはなく、軍の中でさえ無名であった。

　参謀の無名性、これがプロイセン参謀本部の最大の特徴の一つとなるのである。

　さて、フリードリッヒ大王死後3年の1789年にフランス革命が起こり、ナポレオンが出現するに及んで、ヨーロッパにおける戦争の形態は一変した。フランスでは徴兵制度が敷かれたことにより、一時に大量の

兵力を動員できるようになったからである。フリードリッヒ大王でさえ最大兵力は11万程度、たいていは5万前後なのに、ナポレオンは100万を超える大軍の動員をたちまちのうちに完了させたのである。大軍に対抗するには、できる限りの大軍をもって対抗せざるを得なくなる。もはや制限戦争のルールは通用せず、戦争は詰めて詰まない将棋になってしまったのである。

　ところで、一団として動かすことができる軍の規模には必然的に制限が出てくる。よって軍を一団として動かせる単位に分割しなければならない。この単位を"師団"という。これはフランス語でdivision<ruby>デヴィジオーン</ruby>であるが、"分割"というのが原義である。師団はあらゆる種類の兵科をその内に持っていて、単独でも戦闘可能となる、一つの単位システムである。

　師団制度は、独立単位で動く各師団を最高司令官に結びつけるために、厖大なスタッフの仕事をこなすべきテクノストラクチュアを要するはずのものである。命令は正しく伝達され、正しく解釈され、正しく実行されなければならないが、そうであるためには訓練されたスタッフが必要である。

　ところがナポレオンの強さとは、優れたリーダーシップによる強さであり、優れたリーダーが戦場を直接掌握している範囲での強さであったのである。

　さてフリードリッヒ大王亡き後のプロイセンは、あとを継いだ君主たちの至らなさもあって、動脈硬化を呈していた。1806年のナポレオンとのイエナの戦いでは、徹底的な惨敗を喫した。翌年ナポレオンとの間で結ばれたティルジット平和条約において、プロイセンはその国土の半分を取り上げられ、償金1億3400万フランを出させられ、しかも兵力は4万2000に制限され、さらに償金を全額支払うまで、フランス軍の駐留を許すというような屈辱的な条件を一方的に押しつけられたのである。この結果、プロイセンという王国はその存立を危ぶまれるほどの窮地に追い詰められた。

　しかし、このイエナの戦いには間に合わなかったが、その前から、新

生の光が輝き出していたのである。ドイツ参謀本部の父と言われたシャルンホルスト（Gerhard Johann David von Scharnhorst, 1755–1813）が登場していたのだ（図5-1）。

　彼は、兵站幕僚として、軍の諸学校の監督者となり、陸軍の部内改革を目標とする「陸軍会」を結成した。この陸軍会に入会した大尉、中尉クラスの青年将校の中にはクラウゼヴィッツ、グロルマン、リリエンシュテルン、ボイエンなど、その後のプロイセン陸軍の中枢となる人物たちがいた。

　彼はナポレオン戦争を分析した結果、国民皆兵制度、新型の白兵戦、師団方式の軍編成、軍全体にわたる参謀制度の必要なことを認識していた。

　シャルンホルストは、また全国的に地域「市民軍」を作り、それを足場として「国民軍」建設の構想をまとめるのである。そしてシャルンホルストが眼目としたことは、新しい事態には新しい教育で対応しなければならないとしたことであった。彼は戦争を怖れ、戦争の悲惨な面をよ

図5-1　シャルンホルスト

く知っていた。戦争が政治の手段として用いられるのは、絶体絶命の時に限り、しかも嫌々ながら用いる時にのみ許されるという戦争の倫理を、確信をもって教えこんだのである。

　シャルンホルストはナポレオンに対抗するために、平時の軍隊を師団に分け、この師団はすべての種類の武器を持つ完全な戦闘単位とした。とは言っても、当時のプロイセンの財政状態では師団を多く編成することは許されないので、骨格だけは師団であるような旅団を編成したのである。

　シャルンホルストの後を継いでプロイセン軍の参謀長になったのは、彼の首席幕僚であったグナイゼナウ（August Wilhelm Antonius Graf Neidhardt von Gneisenau, 1760–1831）である（図5-2）。

　戦争計画の責任者となったグナイゼナウは、司令官の決定に対して参謀長は共同責任を負うという原則を打ち出した。これは司令官と参謀長との一体感を作るためのものである。もし司令官と参謀長の意見がどうしても一致しないときは、参謀長は、自分の不満なり、疑問なりを直接、参謀総長に伝える特別の道を開いた。これによって軍の首脳は各兵

図5-2　グナイゼナウ

団の把握を確実にし得るようになったのである。

　また戦闘においては臨機の手段が重要であると考え、中央からの指令は概略を定めるにとどめ、細かい肉付けは戦場担当の各指揮官の裁量に任せる方式とした。これは彼がフリードリッヒ大王の戦術と戦史を研究した結果と考えられる。

　グナイゼナウは、ナポレオンに対しては当初から消耗戦が有効と洞察していた。

　1813年のライプツィヒの戦いにおいて、ナポレオンはしばしば乾坤一擲の会戦を求めたのであるが、グナイゼナウはそれをはぐらかし、消耗戦を強い、また包囲攻撃をして苦しめた。プロイセン軍は敗戦が命取りにならないうちに巧みに退却する。外見では敗戦であるが、退却しているほうの指揮官と参謀長は敗戦だと思っていない。囮の騎兵団を追い散らしていて勝っていると思ったら、敵の主力はすでにパリに入城していた。その結果ナポレオンはエルバ島に流されてしまったのである。ナポレオンは最後までその間の事情がわからなかったらしい。

　ナポレオンは諦めきれず、ウィーン会議のもたつきを見てエルバ島を脱出してパリに帰り、再び帝位についた。もう一度、戦争に勝てばなんとかなるというのは、自己のリーダーシップに対する過大評価である。かくしてワーテルローの戦い（1815年6月）となり、ナポレオンはプロイセンのブリュッヘルとイギリスのウェリントンの連合軍と戦い、戦場で部分的に勝てても、今までと同じやり方では通用せず結局敗れた。グナイゼナウの側面攻撃、それに続く徹底追撃は水際立った作戦であった。

　ナポレオンはその後、セント・ヘレナ島に流されワーテルローの戦いを回顧して、「あれは運命だったのだと思うより仕方がない。あの戦いはどう考えても自分の勝つべき戦いだったのであるから」と言ったそうである。プロイセン軍には新しいタイプの参謀本部ができていることをナポレオンは見抜けなかったのである。これから55年後の普仏戦争に負けるまで、フランスはそれに気づかなかったのだから無理もない。

　シャルンホルストによって創設された参謀本部が、初期の試練に耐えて、一つの恒久的な組織としてプロイセン陸軍の中に定着したのは、一にかかってグナイゼナウのおかげであった。

　参謀本部は、軍事省内に存在しつづけ、次の戦争を準備し、高級将校の卵たちを教育し、科学的な訓練を与え、将来の戦場となる可能性のある地域の地図を完備させ、隣国の軍隊を研究し続けることになったのである。

　ナポレオン戦争が終わるころ、プロイセンの軍事大臣に就任したのはボイエン少将（Hermann von Boyen, 1771–1848）で、また参謀本部の部長をつとめたのは、グロルマンであった。

　グロルマンの関心は道路網の整備に向けられた。彼はプロイセンの置かれた地理的条件を考えると、戦時に絶えず多正面作戦を取らざるを得なくなると考えた。プロイセンには、国境にあたる地点にはどこにも天然の要害になるような大山脈がない。この欠点を補うには内部の連絡をよくして、内線作戦の利点を徹底的に利用するしかない、すなわち国内道路の整備がキー・ポイントであると認識した。

5.4　哲学により強化されたドイツ参謀本部
5.4.1　カントの道徳哲学の影響

　ボイエン軍事大臣はユンカー出身の軍人ではなかったが、当時としては非常に急進的な考えの持ち主であった。軍事大臣は国王に対してではなく、国民に対して責任を持つ、という見解を抱いていたために国王と対立していたのだった。

　そのボイエンは、特にプロイセン将校の知育、徳育の根幹として、カント哲学を徹底的に強調した。

　軍事は殺人を含むものである。したがって軍人の倫理的立場は十分な道徳的反省を伴わないと、殺人機構のために働く蛮族を作るおそれがあると主張した。特にカントの道徳哲学における定言的命令、すなわち絶対無条件の命令、義務なるが故に義務を尽くすことを重んじ、感情に左右されることを排斥することは、軍人の倫理に最もふさわしいとボイエ

ンは考えたのである。カント哲学における厳粛な義務感は、プロイセン
の将校をして、合法的な国家の主権者には絶対無条件に服従するという
“軍人宣誓”に徹底的に忠実ならしめるために絶大な効果があった。こ
れはその後のプロイセン軍の類を絶した精強さの源となった。

　ここで再度、プロイセン陸軍の中心として存在したユンカーについて
触れる必要がある。

　ユンカーとは直訳すると“貴族”となるが、実際われわれ日本人に
とっては“士族”とか“武士”と訳した方が実態を理解できる。彼らは
貧乏であった。地味の豊かでない土地を世襲していた彼らは19世紀を
通じて着実に窮乏化していった。

　彼らの理想の生活は市民的幸福ではなく、義務の遂行であり、命令に
対する絶対服従であり、献身であり、滅私奉公であった。彼らが喜んで
忠誠を捧げる対象は自分たちの先祖たちが、代々何百年も仕えてきた
ホーエンツォレルン家の当主、つまりプロイセン国王以外の何者でもあ
り得るはずはなかったのである。

5.4.2　クラウゼヴィッツの出自と経歴

　フランス革命からナポレオン没落までの約4分の1世紀を経たころか
ら、プロイセン陸軍の首脳は、その知的伝統を確立していったのであっ
た。

　特に当時士官学校の校長であったクラウゼヴィッツ（Carl Philipp
Gottlieb von Clausewitz, 1780–1831）が、名著『戦争論』を著したことは
特筆すべきことである（図5-3）。少し誇張して言うならば、この『戦争
論』という一著書のために、その後の運命はプロイセンを大いに助け、
オーストリアとフランスを窮地に追いやり、ヨーロッパ大陸の近代を決
定したということもできよう[1]。

　以下簡単に、クラウゼヴィッツの出自と経歴を調べてみよう。

　彼の家は元来貧しいポーランド系のドイツ小貴族で、曽祖父はライプ
ツィヒのプロテスタント牧師、祖父はハレ大学のプロテスタント神学教

図5-3　カール・フォン・クラウ
ゼヴィッツ

授、父は7年戦争の頃に守備連隊の中尉としてプロイセン軍に属してい
たが重傷を負い退役し、彼が生まれた時は徴税官であった。母は町役場
に勤める平民の娘であった。家が貧しかったため普通の教育コースを断
念し、12歳でプロイセン陸軍にユンカーとして入隊し、14歳で士官に
任ぜられた。第1次対仏同盟戦争におけるマインツ攻防戦で初めて戦闘
に参加した。その行軍の途上でクラウゼヴィッツは旗手を務めている。

　クラウゼヴィッツは少尉に任官した15歳からの6年間をノイルピー
ンで過ごす。当時の連隊長の考課表によれば、有能かつ熱心、頭脳明晰
で好奇心旺盛と評価されている。連隊長は1801年にクラウゼヴィッツ
をベルリンの士官学校に送った。そこで後に「父でもあり、心の友で
あった」シャルンホルスト中佐のもとで軍事学を学ぶ機会を得ただけで
なく、シャルンホルストが非公式に設置した軍事学会に入会することが
できた。頭のよいところをシャルンホルストに見込まれ、その愛弟子と
なった。

　思想的には、いわゆるプロイセン陸軍の"ジャコバン派"に属してい
た。

ナポレオンのロシア侵入が迫ると、プロイセン王はナポレオンと結んでロシアを相手に戦おうとしたが、彼はフランス軍側に立つことを潔しとせず、他のドイツ人愛国者とともにプロイセン軍を離れてロシア軍に投じた。ナポレオンの侵略軍に対して、クラウゼヴィッツはロシア軍の参謀将校として功績をあらわした。この時ロシア軍が撤退作戦に出て成功したことは有名であるが、これには彼の力があずかっていた。またプロイセンがナポレオンから離反する端緒となったタウロッゲン協定の締結にも尽力した。

　同じく"ジャコバン派"のボイエンによって参謀将校としてプロイセンに呼び戻され、ワーテルローの戦いの時には第2軍団の参謀長であった。

　ナポレオン戦争の終わった3年後の1818年にベルリンの士官学校の校長に任ぜられ、その後12年間その職にあった。比較的閑だったこの間に彼は、それ以前から書き溜めていた著作を飛躍的に充実させた。この期間、彼は一人で閉じこもって、古今の戦史を読み、それについて沈考に沈考を重ねたのである。

　しかしその著作が完成しないうちに、1830年、砲兵隊に転任し、翌1831年、ポーランド叛乱鎮定軍の司令官グナイゼナウの参謀長としてブレスラウに赴いた時、コレラにかかって死亡した。

5.4.3　クラウゼヴィッツの戦争哲学を表す文言
　ここに、クラウゼヴィッツの戦争に関する哲学のうち、よく知られた文言のいくつかを列挙してみよう。

- 「戦争とは敵を屈服せしめて、自己の意志を実現するために用いられる暴力行為であり、その内容は技術上・科学上の発明である。」

- 「戦争は、一方の暴力に対し他方もそれに暴力をもって対抗するから、その暴力行為には制限がない。」
　これこそ18世紀の"制限戦争"の概念の対蹠点にある考え方であり、

フランス革命以後の徴兵制に基づく近代戦争の本質であった。

- 「国際法上の慣例は、戦争という名の暴力に対する制限ではあるが、その効力は極めて些細である。」

- 「戦争は他の手段をもってする政治の継続にほかならない。いかなる種類の戦争でもすべて政治行動と見なしうる。すなわち戦争は政治である。」

　この戦争観こそが、戦史を理解する鍵となり、戦略を確立するための基礎になるとクラウゼヴィッツは言う。これこそ近代の"全体戦争"あるいは"総力戦"の理論の出発点である。

- 「国家が壊乱状態にある時、国軍の存在は国家の存立に優先する。」

　クラウゼヴィッツは多くの戦史を考察してこの結論を得た。それはナポレオンに敗れた後のプロイセンの状況にも当てはまるし、ホーエンツォレルン家のプロイセンの歴史そのものが、その真理を証明しているかのごとくである。これはまた第1次大戦に敗れた後のドイツ国防軍の中心思想にもなった。

- 「武装した農民を撃退するのは兵士の一隊を撃退するほど簡単ではない。」

　この思想は毛沢東ら共産主義者たちにゲリラ戦の根拠を与えている。

- 「国家があってこそ国民がある。」

　クラウゼヴィッツはこの立場から、ドイツの統一は、強い軍を持つプロイセンを中心にして作られねばならぬとした。

- 「敵の軍隊を壊滅しても、国が残れば軍隊は再建できる。敵の国を壊滅しても、国民が残れば国は再建できる。しかし国民の意志、魂を壊滅させれば、完全に敵国を壊滅できる。」

クラウゼヴィッツの戦争哲学については、改めてやや詳しく第11章で扱う。

　クラウゼヴィッツは、戦争論に関する本質的な哲学的洞察を与えたが、参謀本部の形成に直接的には関与しなかった。彼の洞察を具体的な形にしてみせたのが、次に登場するモルトケでありビスマルクであった。

◆ 参考文献

[1] 渡部昇一『ドイツ参謀本部』クレスト社、1997。

　本書から多くを引用させていただいた。

第6章　優れたリーダー　ビスマルク[1]

　ビスマルク（Otto Eduard Leopold von Bismarck-Schönhausen, 1815.4.1–1898.7.30）は、19世紀後半における、プロイセンおよびドイツの偉大な政治家である。1862－90年プロイセン王国首相、1871－90年の間ドイツ帝国首相でもあった。「鉄血宰相」の異名でも知られる。

　本書が関心とする事柄の一つは、ビスマルクのリーダーシップは如何に形成され、それは如何なるものであったかである。「1次元高い世界で考える」という本書の主題を頭に置きつつ、以下順を追って見てみよう。

6.1　モルトケの登場

　ナポレオン退場後のヨーロッパは、保守反動のメッテルニッヒ体制になった。ここにおいて、プロイセンは勝者として残り、かつてのドイツ北部小国家から、北のメーメル川（＝ネマン川：リトアニアとロシア連邦の国境）から南のライン川にまたがる長い領域を占める堂々たる国家となり、人口も1000万を超えるに至った（図6-1）。この間にあってプ

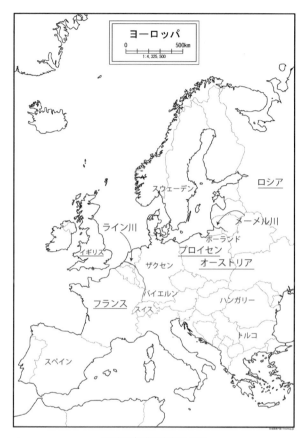

下線は当時の強国を示す。

図6-1　ナポレオン退場後のヨーロッパ

ロイセン参謀本部は、国王がジャコバン派とあだ名をつけたシャルンホルストとその弟子たちによって、人目をひくことなく着々と作られていったことはすでに述べた通りである。

　1861年、64歳の高齢なヴィルヘルム1世が王位についた。このとき参謀総長に推されたのは、当時無名の参謀総長代行モルトケであり、後年彼がビスマルクのリーダーシップのもとで、クラウゼヴィッツの天才的な軍事に関する哲学的洞察を形にして"武装国家"の威力をまざまざ

図6-2　モルトケ

　と世界に示すことになったのである（図6-2）。

　モルトケは大変な芸術嗜好を持っていた。最も優れた軍人が、著しく
文学者的な資質を持っていた例は、フリードリッヒ大王、ナポレオン、
シャルンホルスト、ゼークトなどに見られるが、モルトケはその中でも
極端すぎるほどであったようである。

　モルトケは痩身で洗練された身のこなしを持ち、一見、繊細な体格と
高い額と薄い唇と尖った鼻は、文学者のような印象を与えた。事実、彼
は趣味においても、一人で上等な葉巻をくゆらすことと、モーツアルト
の音楽を聴くことを何よりも愛し、途方もない読書家でもあった。

　ところでモルトケの出自と経歴である。彼は、ドイツ連邦北東の領邦
メクレンブルク＝シュヴェリーン公国出身である。モルトケの父は、は
じめプロイセン軍の将校になりながら、のちにデンマーク軍の将校に
なった履歴を有する。

　母親は北ドイツの旧家出身の立派な賢夫人で、モルトケの後年の素質
は母親系統ゆずりのものとみなされている。

　モルトケはデンマークの幼年士官学校に入学し、1818年にデンマーク軍少尉に任官したが、父親と同じように1822年にプロイセン軍へ移籍した。彼は元来ドイツ貴族であったし、プロイセン軍の方が将来の可能性が大きいと思ったからであろう。プロイセン陸軍大学を出てから参謀将校となった。

　1835年から1839年にかけては軍事顧問としてオスマン帝国に派遣されてもいる。その後、参謀畑と王族の侍従武官の任を経た後、1858年少将時にプロイセン参謀本部の参謀総長に任じられ、すぐ中将となった。

　かくしてモルトケはプロイセン陸軍に入隊して以来、一大隊も指揮したことなく、つまりラインの経験をまったく欠きながら、スタッフの大元締めになったことになる。このこと自体、当時のプロイセン軍における軍団長というラインの担当者の地位の高さを示すと同時に、スタッフ担当者の地位の低さを端的に示すものである。

　モルトケの戦略方針は"分散進撃・包囲・一斉攻撃"を特徴とし、敵戦力の撃滅を主張するクラウゼヴィッツの思想をそのまま受け継いでいる。彼は、ナポレオン式戦術である"主戦場に可能な限り多数の軍を集中する"が、鉄道輸送と電信技術を活用することで分散進撃方式により可能であることを洞察した。よって、外線作戦すなわち包囲攻撃が有効であるとしたのである。すなわち電信部隊を持ち、野営設備を持った野戦軍の方が要塞よりもよいという考え方、つまり野戦第一思想なのである。

"分散進撃・包囲・集中攻撃"のためには、それに参加する各部隊のリーダーの質に、凸凹があってはならない。そして各部隊にはそれぞれの独自の判断で行動する自由裁量権はあるべきだと考えた。モルトケは自己を信ずることが極めて厚かったので、自分の育てた部下をも信ずることができ、部下に対する信頼を前提とする戦略思想を確立することができた。これはナポレオンとその手駒に過ぎない将軍達の間においては成立し得なかったことである。

6.2　ビスマルクの出現

　モルトケが参謀総長になってから4年後に、ビスマルクがプロイセン王国首相となった。

　ビスマルクは、プロイセン東部の地主貴族ユンカーの出であり、彼の妻も同じくユンカーの娘であった。この事実はビスマルクを考えるとき重要である。

　既に述べたようにユンカーは、プロイセン王国は自分たちの祖先が何百年にもわたってホーエンツォレルン家に協力し血を流して作り上げたという誇りを持っているのであり、それゆえプロイセンに対し強い愛国の気持ちを持っている。彼の考えが強硬保守派となるのもこの辺から理解できる。

　彼はゲッチンゲン大学やベルリン大学で法学を学び文官を目指し、卒業後官吏試補の職に就くのだがそれになじめず、4年後にはユンカーとしての地主の仕事に戻ってしまう。

　彼は32歳の時、政界に進出した。身分制議会のプロイセン連合州議会の代議士となり、1849年に新設されたプロイセン衆議院の代議士にも当選する。彼は1848年革命で高まりを見せていた自由主義やナショナリズム運動、国民主権の憲法によるドイツ統一の動きを批判している。

　彼が36歳の時、ドイツ連邦議会プロイセン全権公使となり外交官に転身する。外交官としての活動は11年間に及んだ。ドイツ連邦議長国オーストリア帝国との利害対立の最前線に立つ中で、オーストリアを排除した小ドイツ主義によるドイツ統一の必要性を痛感するようになったのである。

6.3　絶頂期のドイツ参謀本部

　1861年に国王に即位したヴィルヘルム1世と陸軍大臣ローン中将は、軍制改革をめぐり、その予算を「軍隊に対する王権強化」とみなして反対する自由主義派議員と対立を深めた。国王側近たちは衆議院に対しクーデターを考えたが、ローンはクーデターによらず解決を図りたいと

考え、同様の考えのビスマルクの首相就任を推薦し、ヴィルヘルム1世はビスマルクをプロイセン首相に任命した。

　首相に就任するやビスマルクは衆議院予算委員会で有名な鉄血演説[[3] 335ページ] を行った。ドイツ統一問題でプロイセンが優位に立つためには軍拡が必要である旨を次のように訴えたのである。

　　　……ドイツが期待しているのは、プロイセンの自由主義ではなく、その実力であります。……プロイセンは今まで何回か好機を失ってきたのでありますが、これにかんがみてプロイセンは今後の好機にそなえて力を結集しておかなければならないのであります。プロイセンの国境は、健全な国家生活をおくるにふさわしいものではありません。現下の大問題は、言論や多数決 ── これが1848年および1849年の誤りであった ── ではありません。鉄と血によってこそ問題は解決されるのであります。……

ビスマルクはドイツ統一の実現のためには、オーストリアを中心とする反対勢力を圧倒するとともに、外国の干渉に対抗するに足る大軍備を備えなければならないと考えたのである。そこで、"鉄と血"の武力政策に基づき、議会の猛烈な反対を無視して大軍備の編成を強行した。

　ビスマルクは、クラウゼヴィッツが認識したように、ドイツは強大な陸軍国に包囲されながらも国防に役立つ天然の要害がないと考え、プロイセンの行くべき道はドイツ諸邦の統一、つまり統一されたドイツしかないと見てとった。そして革命勢力はドイツの安全保障に最も有害と見て、ドイツの統一はプロイセンの武力による以外になし、と確信するに至ったのである。この点、彼とまったく違ったタイプのモルトケも同じ結論であった。

　この二人があまり仲はよくなかったにもかかわらず、最後まで協力し合ったのは、国王ヴィルヘルム1世や軍事大臣ローンの力のほかに、国家の方途に対する根本認識が同じであったこともある。

6.3.1 ビスマルクのリーダーシップ (1)

　ビスマルクはユンカーとして、プロイセンを思う気持ちは人一倍強かっただろう。国のことを考えるという大きなことは大局的な視点を持たなければできないことである。若い時から、鷲が大空を飛翔する気持ちになって、大所高所からものを考えるという習慣を繰り返したに違いない。

　彼が政治活動をしていた1848年、プロイセンは革命思想、自由主義思想により社会的混乱状態にあった。彼は、今プロイセンがこんなことをしている場合であるかと批判し、この事態に彼は冷静に対応している。

　政治家として活動した後、ビスマルクは11年間の外交官生活を送るが、この経験は彼をしてより高い立場に立ってプロイセンの将来を見つめさせたであろう（図6-3）。

　さて以下に、ビスマルクの関与した三つの戦争について具体的に調べてみよう。

図6-3　プロイセン衆議院議員時
　　　　代のビスマルク

①対デンマーク戦争（1864年）

　ドイツの北方のデンマークとの境にある二つの公国シュレスヴィヒ・ホルシュタインは、長い国際的紛争によって条約が重なり合い、その帰属と統治主体は、何が何だかわからなくなったような状態になっていたが、ただ住民の大部分はドイツ人だった。当地では、ドイツへの帰属運動が盛んであった。

　ビスマルクは、キールの港を手中に収め、バルチック海と北海を結ぶ運河を作るという機会を虎視眈々と狙っていたのだった。

　ところが1863年、デンマークが両公国を併合する動きを示したため、ビスマルクは絶妙な外交手段を用いて面倒な国際問題を引き起こすことなく、オーストリアと連合してここに兵を入れることに成功し、デンマークを破り、シュレスヴィヒはプロイセンが、ホルシュタインはオーストリアが管理することになった（図6-4）。

②普墺戦争（1866年）

　デンマーク戦争の結果得られた両地域の管理方法についてプロイセ

図6-4　デンマークの管理問題

ン・オーストリア間に紛争がおこり、普墺戦争が始まった。

　ビスマルクは開戦に先立ち、たくみな外交工作を行った。まずイタリアに対してはオーストリア領ヴェネツィアの占領を認めて攻守同盟を結び、オーストリアの背後を衝かせた。フランスのナポレオン３世に対してはライン左岸の併合を黙認することを約束し、またロシアに対してはポーランド問題に協力することを約束して、両国に中立を守らせた。

　このように、他の列強が干渉しないという大きな枠の中でモルトケは対墺戦の戦略を練ることができた。しかもプロイセンは相手より遅れて動員令を出している。

　戦闘においてプロイセンは決定的な勝利を収め、本軍はウィーンより60キロのニコルスブルクに進んだ。

　モルトケの参謀本部はこの軍事的勝利を徹底的に利用しウィーン入城を主張したが、ビスマルクは断乎として反対したのである。

　ビスマルクはさすがにモルトケ以上の視野を持っていた。彼の最終目的はドイツ統一であり、次の障害はフランスであり、必ずフランスとは戦わねばならないと洞察していたのである。その時にオーストリアの好意的中立が絶対必要であるから、今は恩を売る時だと判断していた。

　そのためには敵の首府に入城したり、領土を取ったり、償金を取ったりしてはいけない。無割譲・無賠償・即時講和がビスマルクの意見であった。しかし圧倒的に勝ったプロイセン側では国王はじめ全軍人がそれに反対した。

　ビスマルクの賛成者は一人もいなかった。しかしここでグズグズすれば、ただちにフランスとロシアの干渉を招き、せっかくの戦勝も水の泡で、ドイツ統一もいつのことになるかわからなくなるのだ。ビスマルクの神経はほとんどやぶれるばかりであった。

　しかし幸いに皇太子がビスマルクの味方として現れ、父王を説いて、ビスマルク案になんとか賛成させることに成功した。

　この戦いによってプロイセンの得た果実は大きかった。オーストリアの領土に手をつけなかったおかげで、ドイツ国内のハノーヴァー、ヘッセン、フランクフルト、ナサウの諸邦を合併したけれども、どこからも

文句が出なかった。プロイセンは、領土を4分の1拡大し、450万の新人口を得た。しかもオーストリアからはむしろ感謝を得、フランスやロシアには容喙させる隙を与えないで済んだのである。

③普仏戦争（1870～71年）

　ビスマルクは、普墺戦争後の次の相手はフランスであることは当然と思っていたし、参謀総長モルトケも同意見であった。モルトケは参謀総長代行に任ぜられた1857年以来、たえず対仏作戦計画を練ってきたのであった。

　1866年夏に起きた普墺戦争の結果、翌1867年4月に北ドイツ連邦が結成された。しかしドイツ統一のためには、さらに、普墺戦争でオーストリア側についたバイエルン、ヴェルテンベルク、バーデンをはじめとした南部ドイツの諸邦との合体が必要だった（図6-5参照）。

　そこでビスマルクは、それまで対立関係にあった南ドイツ連邦と攻守

北ドイツ連邦： プロイセン王国、ザクセン王国他22連邦より構成
　　　　　　　シュレスヴィヒ・ホルシュタインは条約により、プロイセンに帰属
南部諸邦： バイエルン王国、ヴェルデンベルク王国、バーデン大公国など

図6-5　北ドイツ連邦と南部諸邦

同盟を結んだ。フランスの皇帝ナポレオン3世がそれを容認するはずがない。

　1868年9月、スペインに革命が起こり（スペイン王位継承問題）、ビスマルクはホーエンツォレルン家につながるレオポルトを推薦し、スペインも一旦了承した。それに対しナポレオン3世は、ホーエンツォレルン家にフランスが挟撃されることを恐れて反発し、外交問題に発展した。ナポレオン3世はプロイセン王ヴィルヘルム1世に強く迫り、一旦はレオポルトの即位を撤回させた。さらにナポレオン3世は、駐プロイセンのフランス大使ベネデッティをエムスに滞在中のヴィルヘルムのもとに遣ってプロイセンが再びスペイン王位継承に口出ししない約束を取り付けようとした。

　1870年7月13日に行われた両者の会談の内容は、直ちにベルリンのビスマルクに打電された。それは、単に会談の内容を報告するに過ぎないものだったが、ビスマルクはその内容を次のような簡潔なものに要約した。すなわち、

　　ホーエンツォレルン家の世子（レオポルト）が（スペイン王位を）辞退される旨、スペイン政府がフランス政府に対して公式に通達した後、フランス大使はエムスにおいてさらに国王陛下に対し、ホーエンツォレルン家の人間が再び（スペイン）国王候補となるようなことがあっても、今後絶対に同意を与えることはないと国王陛下が誓われる旨、パリに打電する権限を与えるようにと要求してきた。これに対して国王陛下は、フランス大使とさらに会うことを拒まれ、副官を通じて、大使にこれ以上何も伝えることはないとお伝えになった。[[2] 145ページ]

　そしてビスマルクは、これをドイツ諸邦の駐在公使に打電するとともに新聞を通じて公表した。これが"エムス電報"といわれるものである。

　本来の電報は単なる状況報告でしかなかったのだが、ビスマルクは

「スペイン王位継承問題でフランスがプロイセン王に不当な要求を突きつけてきたという印象を際立たせることに成功」し、さらにこうしたフランス側の要求をプロイセン王はきっぱりと断り、「フランス大使とさらに会うことを拒」み、「何も伝えることはない」という箇所を強調したことで、独仏双方の世論を強く刺激したのである[2]。

　このエムス電報が公表された瞬間、フランスとしてはプロイセンに対し強硬に打って出る以外には選択肢がなくなり、7月19日、宣戦布告を行った。

　ここで注目すべきことは、軍事的には完全に準備の整っていたプロイセンが、外交的には売られた喧嘩を買うという形になったことである。ビスマルクの巧妙な外交政策によって、フランスの上院が満場一致で、下院が賛成245対反対10の圧倒的多数で開戦を可決してからはじめてプロイセンは動き出したという形になっているのである。

　この戦争の圧巻はプロイセン軍がセダンにおいてナポレオン3世軍を包囲し、彼を捕虜にしたことであろう。モルトケはフランス軍と遭遇したならば、必ずフランス軍の正面と右翼を攻撃して、敵を北に圧迫し、パリより遮断するということを根本方針としていた。フランス国王は首府に逃げ帰る余裕がなかった。これには世界中の耳目が聳動した。1870年9月、フランスはプロイセン軍に降伏した。

　ビスマルクはアルサス・ロレーヌの両州を取って速やかに講和交渉に入りたかったが、モルトケはパリ占領を目標にしていた。普墺戦争ではビスマルクのおかげでウィーンに入城しそこなった軍人たちおよび国王は、何としてもパリ入城の覚悟を決めていたのである。

　プロイセン軍はパリ開城に先立ち、1871年1月18日ヴェルサイユ宮殿において、文字通りパリ砲撃の音を聞きながら戴冠式を行い、プロイセン王ヴィルヘルム1世は北ドイツ連邦・南ドイツ諸邦を含むドイツ帝国皇帝に推挙され、ここにドイツ統一が完成した。「プロイセンは国家が軍を持つに非ずして、軍が国家を持つ」という諺を地でいったようなものであった。

　同年ドイツ帝国新憲法が制定され、ビスマルクは帝国初代の宰相に任

命された。実際にパリが陥落したのは同月28日のことであった。

　ビスマルクは、ドイツの統一は、強い軍を持つプロイセンを中心にして作られねばならぬとしたが、これは見事に証明されたと言ってよいであろう。ビスマルクのこの信念は、クラウゼヴィッツの哲学に基づいたものであった。

6.3.2　ビスマルクのリーダーシップ　(2)

　プロイセンは好戦国と見なされている傾向にあるが、ビスマルクやモルトケにおいては、ドイツの統一のみが目的とされ、その邪魔者の排除としての普墺・普仏戦争なのであった。普仏戦争後のビスマルクのとった政策を見れば、彼がいかに平和志向であったかが分かるであろう。

　普仏戦争において、プロイセン軍のパリ入城によって引き起こされたフランスの対独憎悪感情は、その後に繰り返されるヨーロッパの悲惨のもとになるのである。ビスマルクの言う通りパリに入城しなかったら、まだフランス人の憎悪が少なかったかもしれない。憎悪には憎悪で応えるのが常であるから、独仏間の憎悪は募るばかりであったことは、われわれの知る通りである。

　普仏戦争後のビスマルクの根本方針は、敗戦の打撃から急速に復興しつつある宿敵フランスを国際的に孤立させることによりドイツへの報復を断念させ、それによって自国の安全をはかるとともに、国力を充実させるためにこれ以上の戦争を防ぎ、ヨーロッパの現状維持をはかろうというものであった。すなわち、平和協調外交と同盟政策なのである。

　まず1872年にロシア・オーストリア両国の皇帝がベルリンを訪問した機会をとらえて、彼は翌1873年、三帝協約（三帝同盟）を成立させた。

　しかし露土戦争（1877－78年）の収拾をめぐってイギリス・オーストリアとロシアが対立した。ビスマルクは1878年ベルリン会議を開催して、ロシアの南下の意図を抑えた。ロシアはこれを恨み三帝協約は崩壊した。そこで彼は翌1879年、独墺同盟を結んでオーストリアとの結束を固める一方、ロシアがフランスに接近することを極力防ごうとし

た。たまたまこのころ、中央アジアにおいてイギリスとロシアの対立が
深まったので、ビスマルクはこれを利用し、イギリスへの対抗上から同
盟国を求めたがっていたロシアをうまく誘って、1881年三帝協約を復
活させることに成功した。

　イタリアは普仏戦争中、フランス守備兵を追い払って教皇領を併合し
たため、両国の仲は悪くなった。さらに1881年、フランスが北アフリ
カのチュニジアを占領したことから両国の関係はいっそう悪化した。フ
ランスのチュニジア占領をそそのかしたビスマルクは、この形勢を利用
して1882年イタリアを引き入れ、独・墺・伊の三国同盟を成立させた。

　また、ロシアとオーストリアはその後もバルカン問題をめぐってしだ
いに離反し、三帝協約は再び消滅して、同盟国を失ったロシアがフラン
スに接近する恐れがあった。そこでビスマルクはこれを防止するためひ
そかにロシアに働きかけ、1887年独露再保障条約を結んだ。

　1890年にビスマルクが引退するまで、ヨーロッパの国際関係は彼の

図6-6　ビスマルク（1890年8月
　　　　31日、75歳）

95

巧みな手腕に操られ、彼の考えのままに平和が保たれたので、その期間はビスマルク体制と呼ばれる（図6-6）。

　最後に、ビスマルクのとった政策を振り返り、まとめてみよう。

▫ 現状の認識
　プロイセンは、強大な陸軍国に包囲されている地理的環境にあり、しかも国防に役立つ天然の要害がない。この事実は多正面戦争の危険性を意味し、国家の安全保障上の弱さを表している。

　これは、フリードリッヒ大王以来、プロイセンにとっての強迫観念であり続けた。

　ビスマルクはプロイセン首相として、プロイセンの行くべき道はドイツ諸邦の統一、つまり統一されたドイツしかないと認識する。この認識は、歴史的にクラウゼヴィッツも同じであったし、参謀総長モルトケとも共有していた。

　また1848年のような革命勢力は、国家の分裂要因となりドイツの安全保障に最も有害であると考えた。

▫ 目的の設定
　ビスマルクは、ドイツ統一を達成するためには三つの戦争、すなわちデンマークとの戦争と邪魔者の排除としての普墺戦争、普仏戦争が必要であると洞察したのである。

▫ 目的達成の方途
　現状にあってドイツ統一を達成するためには、強い軍を持つプロイセンを中心として行われる以外にはないと確信し、既述の有名な鉄血演説となったのである。

　これは、「プロイセンは国家が軍を持つに非ずして、軍が国家を持つ」という諺で表現されるまでになる。

▫ 参謀総長との連携

モルトケとは、性格が対照的に異なり、あまり仲はよくなかったが、"現状の認識"と"目的の設定"では両者完全に一致していたから、協力し合えた。

▫ 外交的配慮

開戦にあたっては、他国に干渉する隙を与えないように外交的配慮をし、相手より遅れて動員令を出した。

モルトケに、プロイセンとして最も恐れていた多正面戦争や二正面戦争をさせないように外交で配慮した。おかげでモルトケは、つねに一正面作戦で済み、常勝した。

目的を達成した後は、ヨーロッパの現状維持をはかるための平和協調外交につとめた。

まさに超凡の外交手腕であった。

▫ 戦争範囲の限定化

ビスマルクが目的としたドイツ統一がなされた普仏戦争後は、彼の政策は一貫して徹底的な平和志向型であったことに注目したい。

ビスマルクはドイツ統一を成し遂げてからは、まったく戦争の必要を認めず、「自分はいかなる理由でも予防戦争はしない」と答えている。すなわちビスマルクは彼の行った戦争の範囲を厳しく限定していたのであった。

これは、目的が広大で少しも限定されていなかったナポレオンの場合とは鮮やかな対照をなす。

▫ 視野の広さ

普墺戦争勝利の時:

国王、モルトケを含む全員がウィーン入城を主張したが、ビスマルクはひとり、断固として反対した。

最終目的はドイツの統一である。そのためには、次にフランスと戦わ

なければならず、オーストリアの好意的中立が絶対必要で、今は無割譲・無賠償・即時講和とすべき、と考えた。

普仏戦争勝利の時：

　この時もビスマルクは、パリ入城に反対した。普墺戦争時は、最終的に彼の主張は認められたが、今回は押し切られた。普仏戦争勝利によって、彼の目的としたことは成ったのである。

　普仏戦争終了後、フランス人のドイツに対する憎悪は募るばかりであった現実を見るとき、余人には存在しないビスマルクの先見の明の凄さを感じる。

　ここにリーダーのあるべき一つの姿、「1次元高い世界で考える」の典型を見るのである。

◆ 参考文献
［1］渡部昇一『ドイツ参謀本部』クレスト社、1997。
［2］飯田洋介『ビスマルク』中公新書、2015。
［3］吉岡力『詳解　世界史』旺文社、1988。

第7章　ナポレオンとビスマルク

7.1　ナポレオン戦争を振り返る [2], [3], [4]

　オランダの法学者フーゴー・グロティウス（1583–1645）は、国家同士の争いを、社会の中における個人同士の争いと同じようなものとして考え、またスイスの法学者エンメリッヒ・ド・ヴァッテル（Emmerich de Vattel, 1714–67）は、『諸国民の法』（Le droit des gens, 1758）においてそれを継承、発展させた。すなわち、

　　　戦争は不幸にも国家間において正義を得るための唯一の手段であ

るから、すべての戦争は正義である。したがって戦争の正義は手段を選ばずに勝つことを許さない。戦争の目的は、本質的に言って公平にして永続的な平和の達成であるが故に、手段も正義に反してはならない。非戦闘員は保護されねばならず、被害を蒙らないよう配慮されなければならない。条約は相手に厳しい条件を押しつけるものであってはならず、緩やかなものでなければならない……｛[3] 14ページ｝

という、自然法に基づく"国際法"の考え方を説いたのである。

ヨーロッパの18世紀は、その前に経験した悪魔のような30年戦争（1618－48）に懲りて、その反動、反省から世の中は理性の時代、啓蒙の時代となり、それがフランス革命までの150年間続いた。当時は戦争でさえ理性的に行おうとしたのである。それは近年の戦争とはあまりに違いすぎて現代のわれわれには想像でき難いのであるが、現実にこのヴァッテルの理想のような考えが遵守され、いわゆる"制限戦争"であったのである。

戦力は、貧農の子弟と都市の失業者から志願で兵を募り、足りないところは金で契約した傭兵で賄うという方式であった。そもそも一種のゲームのような"制限戦争"は振りかざすべき大義を持たないし、戦争は国民と関係ないところで行われた。

ところがフランス革命によって、戦争は"制限戦争"から"無制限戦争"に一変してしまったのである。これは次のような事情による。

フランス革命が進行すると、周辺諸国は自分たちの王政が革命に影響されることを恐れた。そのための外国からの干渉が強まり、革命の影響を阻止しようとする側と革命を防衛しようとする側の戦争が始まったのである。それは1792年4月の対オーストリア会戦に始まり、オーストリア、プロイセン、フランス亡命貴族の連合軍との戦争 —— フランス革命戦争ともいう —— が続いた。さらに1793年初頭のルイ16世処刑、フランス軍のベルギー占領などに対して、イギリスを中心とした対仏大同盟（第1回）が結成され、フランスはイギリス、オランダ、スペインな

どに対して宣戦布告し、ほぼ全ヨーロッパと戦うことになった。

　このような戦線の拡大に対して、フランス国民公会は18歳から25歳までの成年男子全員を動員し、100万人規模の国民皆兵の体制に入り、1798年には徴兵制度が成立した。今や革命政府は、100万を超える大軍の動員をたちまちのうちに行える体制に入った。フリードリッヒ大王ですら、いっときに動員できた最大兵力は11万そこそこであり、大抵は5万前後であったのに、である。

　革命の熱狂が高まる中で期待されて登場、この徴兵制という打出の小槌を使ったのがナポレオン・ボナパルト（Napoléon Bonaparte, 1769–1821）であった。彼は1800年から1813年までの14年間に実に261万3000人を徴兵している。このフランスと対抗するためには各国も同様に大量の国民を動員しなければならなかったのは当然である。

　また"制限戦争"時代の兵士が単にお金のために雇われ、大義など持っていなかったのに対し、このフランスの大量の国民軍は崇高な革命と愛国の大義に酔い、情熱を持った兵士達だった。フランスだけではない。対抗する各国の国民も愛国の念に燃えて戦ったのである。すなわち、お互いの多くの国民どうしが憎しみを持って戦い合うという要素が新たに戦争に持ち込まれたのである。ここに現代の"無制限戦争"の原型が出来上がった。

　人類はひとたびこの"無制限戦争"というおぞましき慣習に染まった以上、もはや、あの150年間続いた理性の時代の"制限戦争"に戻ることはできない。人類に対し、フランス革命というものはいかに大きな罪を犯してくれたことか。フランス革命を始めた人間たちはこんなことになるとはとても予測できなかったはずである。ここにわれわれは、デイヴィッド・ヒュームの明察と警告を思い出すのである。（"11.3.1 ヒュームの思想と哲学"を参照）もしフランス革命がなかったならば、そしてそれに影響されて起きたとも思われるロシア革命がなかったとしたら、世界の歴史はもっとゆっくりと穏やかに平和のうちに進み、それは人類の幸福のために好ましかったのではないかと思われるのである。ある統計によれば、フランス革命の犠牲者数は約490万人、またロシア革命の

全世界の総犠牲者数は約1億人に達するという。

　さてナポレオンの華々しい登場は、1796年総裁政府のオーストリア攻撃作戦の際に、イタリア方面軍司令官に抜擢された時であった。彼はイタリアを平定し、1797年にはウィーンに迫ってオーストリアを屈服させ、ライン河口より北イタリア全地域にフランスの支配を確立し、第1回対仏大同盟を解体させた。

　1794年春以来、革命フランスは勝利を続けていたのであるが、イギリスはまだ頑強に抵抗していた。そこでナポレオンは、地中海を制圧してイギリスのインド交通路に打撃を与える目的でエジプト遠征をおこなった。この間にイギリスは、オーストリア・ロシアなどに呼びかけて1799年第2回対仏大同盟を結成し、同盟軍はイタリアを制圧してフランスに迫ったのである。

　本国の危急を知ったナポレオンは、単身エジプトを脱出して帰国。同年11月武力によって総裁政府を倒して3人の統領と四院制の立法府からなる統領政府を樹立し、自ら第一統領となって政権を握った。1804年、彼は国民投票で帝位に登り、ナポレオン1世となり第一帝政を開いた。

　皇帝ナポレオンはこのあとも外征に奔走することになる。

　1805年イギリスは、第3回対仏大同盟を結成した。ナポレオンはイギリス上陸を意図したが、同年10月フランス・スペイン連合艦隊がジブラルタル海峡北西のトラファルガー沖の海戦でネルソン率いるイギリス艦隊により撃滅されたために彼の計画は挫折した。

　しかし一方大陸においては、ナポレオンはウィーンを占領、さらにオーストリア・ロシア連合軍をアウステルリッツに撃破して大陸の覇権を握った。オーストリアは屈服して、プレスブルクの和約でイタリアおよび南ドイツにおけるナポレオンの指導権を承認し、第3回対仏大同盟は崩壊、イギリスは再び孤立した。

　ナポレオンの対独政策はプロイセンの独立をおびやかしたので、プロイセンはロシアと同盟してフランスに宣戦した。ナポレオンはイエナ・

アウエルシュテットの戦いでプロイセンを、アイラウ・フリートラントの戦いでロシアを撃破し、1807年プロイセン・ロシアにとっては屈辱的なティルジット条約を結んだ。その結果、プロイセンは領土の過半を奪われ、その西隣にウェストファリア王国、東隣のポーランド地方にワルシャワ大公国が創設された。

　ところでナポレオンは皇帝に納まるや、自分の兄のジョウゼフをナポリ王に、ついでスペイン王にした。また弟のルイをオランダ国王に（なお彼の息子は後にフランス皇帝ナポレオン3世となった）、また末弟のジェロームをウェストファリア王にし、彼の二番目の妻マリー＝ルイーズに産ませた息子をローマ王に任じた。ナポレオンの兄弟のうち、君主とならなかったのは次弟のルシアンだけである。彼は共和制への思いが強く、ナポレオンが皇帝になるに及んで仲違いしてしまったのである。

　1812年の夏、ナポレオンは約50万の大軍をもってロシア遠征を行い、9月モスクワに入城。しかしロシア軍の執拗な抵抗と、占領直後の全市の大火と食糧の欠乏、迫る寒気のため、全軍総退却のやむなきに至り、モスクワから逃げ帰ったフランス軍のうち武装していたのはたった1000人だったと言われている。

　そこでナポレオンは起死回生を期してベルギーのワーテルローの戦いでイギリス・プロイセン連合軍と戦ったが遂に敗れ、結局流刑地のイギリス領セント・ヘレナにて没したのであった。

7.2　ナポレオンとの対比[2]

　幼年時のナポレオンは、プルターク英雄伝、ルソーの著作などの読書に明け暮れた、無口で友達の少ない少年であった。プルターク英雄伝にはアレキサンダー、シーザー、ブルータス、ハンニバル、シセロ……たちの英雄譚が書かれている。彼は特にハンニバルの武勇伝すなわち、三十数頭の象群を引き連れて、カルタゴから地中海を渡り、イベリア半島を通過し南仏を通ってアルプスを越えイタリアに侵入し、カンネの戦いでローマ軍に殲滅勝利した壮大な物語に惹かれていたようである。彼はこのような英雄たちの活躍に胸躍らせたことであろう。

　ナポレオンはブリエンヌ陸軍幼年学校に入学し、特に数学は抜群の成績であったという。1784年にパリの陸軍士官学校に入学。彼が専門として選んだのは、人気のあった騎兵科ではなく、砲兵科であった。実は大砲を用いた戦術は、後の彼の命運を大きく左右することになったのである。彼は陸軍士官学校を、通常は4年前後を要するところを、たった11カ月で卒業している。これは開校以来の最短記録であった。このころのエピソードとして、クラスで雪合戦をした際にナポレオンはバラバラだった級友たちを巧みに指揮し、見事な陣地作りをして勝利を収めたという話は有名である。

　フランスは革命により恐怖政治なども経験し、総裁政府が成立するが、有能な人材に乏しかった。有産市民層は、安定した秩序を回復できる強力な指導者の出現を求めていたのである。まさにその時、期待されて登場したのがナポレオンであり、彼はその期待に十分応えることができた。またその後の彼の西ヨーロッパにおける連戦連勝の大活躍は、フランスの国威を海外に知らしめると同時に、ナポレオン自身の有能さを強く印象付けたのであった。

　ナポレオンが実戦で連戦連勝するその秘密について、ナポレオンに絶えず付き添っていた軍事学者ジョミニは、「ナポレオンは戦略の普遍的な原理原則を、戦争に巧妙に利用したからであって、別に彼が軍事の天才であったわけではない」と評している。

　しかし原理原則を巧妙に利用できるためには、引き出すべき原理原則の知識を頭に持っていることを前提としなければならない。その知識はどこから得られたかといえば、幼年学校、士官学校時代の学習から得られたものに加え、幼年時代に繰り返し、繰り返し読んだ英雄たちの戦記物語からナポレオンの頭脳に刷り込まれたのであろう。しかも単なる知識ではなく、すぐに実地に活用できる形で身につけていたことになる。これはまさに天才的としか言いようがない。

　ナポレオンが並外れた頭脳の持ち主であったことは間違いないし、またナポレオンは自分を天才だと信じていたから、彼はすべての情報を一手に握り、作戦を相談する参謀も持たず、自分が直接に命令を下した。

将軍たちは、ナポレオンにとっては単に手駒に過ぎず相談相手ではなかった。

　ナポレオン軍の強さは彼"個人"のリーダーシップに拠っていた。だから、ナポレオンの留守していた戦場、例えばスペイン半島あたりではウェリントンの小軍勢には連敗していたのである。

　ナポレオン戦争の場合、ナポレオンという"個人"の存在が目立って浮き出てくるのである。

　1812年のロシア遠征の場合、彼は50万の兵力を動員した。徴兵制度のおかげで50万人の動員は直ちに可能であった。しかし、いくら天才でもナポレオンという"個人"が50万の兵力を有効に指揮し、使い切ることはできなかったのである。ロシアのように未知の広大な戦場に大軍を率いて戦うには、長期にわたる徹底的なスタッフ・ワーク、すなわち工学の用語で言えば、システム工学的アプローチがどうしても必要になるはずだ。ここに"個人"としての限界が現れたのである。

　ナポレオン戦争は、フランス革命の理念である、自由、平等、博愛の精神を各国に普及するという崇高な目的が忘れられ、ナポレオン"個人"としての英雄的野心の実現に変質し、目標が広大化し少しも制限されず、またナポレオン"個人"の家族を政治上重用するという、ナポレオン"個人"に偏重したものとなっていった。

　ここでナポレオンのリーダーシップに対しプロイセン首相ビスマルクのそれを比較してみたい。

　両者のリーダーシップは、誠に対照的なのである。ナポレオンの場合は、ナポレオンという"個人"が前面に出されたのであるが、ビスマルクにおいては彼の所属するプロイセン（ドイツ）という"国家"が絶えず彼の意識の中にあり続けた。彼の戦争目的は明確であり、その範囲も限定されていた。すなわち、ドイツは強大な陸軍国に囲まれ、しかし国境には国防に役立つ天然の要害がないと認識し、プロイセンの行くべき道はドイツ諸邦の統一しかないと考えた。この考えはクラウゼヴィッツの認識を引き継ぐものであり、さらにこれは母国の敬愛するフリードリッヒ大王の持っていた考えにも通じるものであった。またこれは参謀

総長モルトケとも共有していた。

　ビスマルクは目的を達成するためには、障害となるべき国としてまずデンマーク、そしてオーストリア、フランスを挙げ、これらの国と戦い、勝利することが将来のドイツ統一に必須であると考えた。ドイツはオーストリア、プロイセンなど三十幾つかの領国に分かれていたが、そのころドイツ統一は、オーストリアを含めるか否かで大ドイツ主義と小ドイツ主義に分かれていた。ビスマルクは小ドイツ主義者であった。

　晴れて普仏戦争に勝ちドイツ統一が成ってからは、彼は「自分はいかなる理由でも予防戦争はしない」と言った。

　確かに彼は引退するまでの約20年間、巧みな外交的手腕を発揮してビスマルク体制と言われるヨーロッパの平和に貢献したのである。

　目標が広大化し無制限化していったナポレオンの場合に比べ、ビスマルクのリーダーシップは誠に見事なものである。

　ビスマルクのリーダーシップに関して特に印象的なことは、普墺戦争におけるケーニッヒグレーツの戦いにプロイセン軍が決定的な勝利を収め、ウィーンから60キロのニコルスブルクに進んだ時に彼が示した判断である。このとき国王をはじめ、モルトケを含む全軍人がウィーン入城を強く主張した。しかしビスマルクは、ドイツ統一のためには次にフランスと戦う必要がある、そのためには、ウィーン入城してオーストリアを刺激してはいけないとし、今は恩を売る時だから、領土をとったり、償金をとったりしてはいけないと、無割譲・無賠償・即時講和を主張した。両者強硬に主張しあって対立したが、最後に皇太子が理解を示してくれビスマルクの考えが受け入れられたのである。

　ビスマルクは先の先まで見通した上で行動した人物であった。

　以下に、参考までにナポレオン戦争関連の簡単な年表を示す。

ナポレオン戦争関連の年表
初期
1796－97年　　イタリア遠征。

1798−99年	エジプト遠征。ロゼッタ・ストーンを持ち帰る。

帝政期

1805年10月	トラファルガーの海戦。ネルソン提督の率いるイギリス海軍が、フランス・スペイン連合艦隊を撃破した。
12月	アウステルリッツの戦い（3帝会戦）、ナポレオン軍の勝利。
1806年10月	イエナ・アウエルシュテットの戦い。この両戦闘で、ナポレオン軍は完勝、プロイセン軍は総司令官を失うほどの敗北。
1808−14年	スペインの反乱。ナポレオン軍はスペイン民衆の反乱に悩まされる。
1812年	ロシア遠征。初めナポレオン軍は55万ぐらいの大軍を誇ったが、モスクワから撤退するときは9万数千に減じ、ロシア領から脱出できたのは3万数千、最後に武装して帰れたのはたった1千人でしかなかった。
1813年10月	ライプツィヒの戦い（諸国民解放戦争）。ドイツ諸領邦の国民が、ナポレオンの軛から解放されるための戦い。ナポレオン軍敗北。
1815年6月	ワーテルローの戦い。ウェリントン公率いるイギリス軍と、ブリュッヘル将軍率いるプロイセン軍（この中にクラウゼヴィッツも入っていた）に対するナポレオン軍最後の戦い。ナポレオン軍敗退。ナポレオン時代は、これにて終わる。

◆ 参考文献

［1］杉本淑彦『ナポレオン』岩波新書、2018。

［2］ウィキペディアフリー百科事典「ナポレオン・ボナパルト」2020。

［3］渡部昇一『ドイツ参謀本部』クレスト社、1997。

［4］吉岡力『詳解　世界史』旺文社、1988。

パート3　4次元同次処理の哲学的考察

　パート2においては、4次元同次処理によって示唆された「1次元高い世界で考える」という思考形式が非日常的な生活、例えば将棋やテニスのゲームをする場合や、また組織のリーダーなどに求められる種類の知力と関連することを確認した。また組織のリーダーの例として、プロイセンの宰相ビスマルクを取り上げ、この関連性をやや詳しく考察した。

　パート3においては、「1次元高い世界で考える」という思考形式の中核要因となる、4次元同次処理における"4次元同次空間"を哲学的に考察する。すなわち、第8章では、"4次元同次空間"をプラトン哲学のイデア論に対比させる。
"4次元同次空間"は、4次元空間部分と3次元ユークリッド空間より成る。4次元空間部分の点は射影変換により3次元ユークリッド空間の点に移るということと、プラトンのイデア論において、イデアの世界の点が投影などにより現象界の世界の点に映るということの相似性に着目することによって、4次元同次空間の2空間とプラトン哲学の2空間の現象論的な対応関係を明らかにする。

　第9章では、"4次元同次空間"の哲学的考察をさらに深める。
　中世のスコラ哲学者たちは、"事物"すなわち具体的なものの集合に対応させて、その"抽象概念"の実在性を議論した。
　そこで"4次元同次空間"の二つの空間の関係を、内容論的に見ることにより、4次元空間部分の点を"抽象概念"に、3次元ユークリッド空間の点を現象界の"事物（や表象）"に対応させる。

第8章　4次元同次処理とプラトン哲学イデア論の関係

　プラトン（B.C.427–B.C.347）は、古代ギリシャの哲学者である。

　彼は、アテナイ最後の王コドロスの血を引く貴族の息子として、アテナイに生まれた。若い頃は国家、公共に携わる政治家を志していたが、民主派政権の惨状を目の当たりにして、現実政治に関わるのを避け、ソクラテスの門人として、哲学と対話術を学んだ。

　ソクラテス死後の30代からは、対話篇を執筆しつつ、哲学の追求と政治との統合を模索していくようになる。この頃すでに、哲学者による国家統治構想（哲人王思想）や、その同志獲得・養成の構想（後のアカデメイアの学園）は温められていた。

　実際、B.C.387年プラトンは、アテナイ郊外に学園アカデメイアを設立した。アリストテレスは17歳のときにアカデメイアに入門し、そこで20年間学生として、その後は教師として在籍した。

　プラトンの哲学は、人間の感覚を超えた真の実在としての概念である"イデア"を中心として展開される（イデア論）。

　プラトンの思想は西洋哲学の源流となった。哲学者ホワイトヘッドは「西洋哲学の歴史とはプラトンへの膨大な注釈である」という趣旨のことを述べている。

8.1　プラトン哲学のイデア論 [1], [4]

　プラトンのイデア論は、彼の著書『国家』第7巻において、「洞窟の比喩」として語られている。以下にそれを紹介しよう。ただし、著者の判断で、読みやすくするための言い換えをした部分もある。

　図8-1に示すように、地下深い暗闇の洞窟監獄にあって、囚人たち（ab）は手足も首も縛りつけられている。囚人たちにとって見えるものは、奥底の壁（cd）だけである。洞窟のはるか上方に火（i）が燃えていて、その光が彼らの後ろ上方から照らしている。囚人た

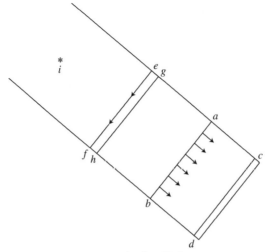

図8-1　洞窟の比喩

ちの上方、火との間に、ひとつの道（*gh*）がついていて、その道に沿って低い壁のようなものがしつらえてあるとしよう。それはちょうど、人形遣いの前に衝立が置いてあって、その上から操り人形を出して見せるのと同じような具合になっている。その壁に沿ってあらゆる種類の道具だとか、石や木や、その他いろいろの材料で作った人間およびそのほかの動物の像などが壁の上に差し上げられ、人々（*ef*）がそれらを運んで行くものと思い描いてほしい。運んで行く人々のなかには、当然、声を出す者もいるし、黙っている者もいる。

　拘束された状態に置かれた囚人たちは、自分たちの正面にある洞窟の一部（*cd*）に火の光で投影される影のほかには、別のものは何も見たことはないのである。

　もし彼らがお互いどうし話し合うことができるとしたら、彼らの口にする事物の名前は、まさに自分たちの目の前を通り過ぎて行く影そのものであると信じているはずである。

　また、この監獄において、音もまた彼らの正面から反響して聞え

てくるとしたら、どうだろうか。彼らの後ろを通りすぎていく人々の中の誰かが声を出すたびに、彼ら囚人たちは、その声を出しているものは、目の前を通り過ぎて行く影そのものだと思うだろう。

このように囚人たちは、あらゆる面において、ただそのさまざまなものの影だけを、真実のものと認めることだろう。

ところで仮に彼らの一人が、加えられていた拘束をすべて解かれ、立ち上がって首を後ろにめぐらすようにと促され、歩いて火の光のほうを仰ぎ見るようにと強制されるとしよう。

これまで彼は影だけを見ていたわけであるから、そういったことをするのは、彼にとっては苦痛ではなかろうか。その実物を見ようとしても、目がくらんでよく見定めることができないかもしれない。

そのとき、ある人が彼に向かって、「お前がこれまで見ていたものは、愚にもつかぬものだったのだ。しかし今は、お前は以前よりも実物に近づいて、もっと実存性のあるものへ向かっているのだから、前よりも正しく、ものを見ているのだよ」と説明したとし、通り過ぎて行く事物のひとつひとつを彼に指し示して、それが何であるかをたずね、むりやりにでも答えさせるとしたらどうだろう。彼は困惑して、これまでに見ていたもの（すなわち影）のほうが、いま指し示されているものよりも真実性があると答えるだろう。

また、もし直接火の光そのものを見つめるように強制されたとしたら、彼は目が痛くなり、向き返って、自分がよく見ることのできるもののほうへと逃げようとするのではないか。そして、やっぱりこちらのもののほうが、いま指し示されている事物よりも、実際に明確なのだと答えるのではなかろうか。

そこで、もし誰かが彼をその地下の洞窟から、急な坂道を力ずくで引っ張って行って、洞窟の外の太陽の光の中へと引き出すまで彼を放さないとしたら、彼は苦しがって、引っ張って行かれるのを嫌がるだろう。そして太陽の光のもとまでやってくると、目はギラギラとした輝きでいっぱいになって、いまや真実であると語られるも

のを何ひとつとして見ることができないのではなかろうか。

　思うに、洞窟の外の上方の世界の事物を見ようとするならば、慣れというものがどうしても必要となろう。

　外界で最初に影を見れば、いちばん楽に見えるだろうし、つぎには水に映る人間その他の映像を見て、その後、その実物を直接見るようにすると彼にはより楽だろう。そしてその後で、天空のうちにあるものや、天空そのものへと目を移すことになるが、これにはまず、夜に星や月の光を見るほうが、昼間太陽とその光を見るよりも楽だろう。

　そのようにしていって、最後に、太陽を見ることができるようになるだろう。水その他に映った映像ではなく、太陽それ自体を、それ自身の場所において直接しかと見てとって、それがいかなるものであるかを観察できるようになるだろう。

　こんどは、太陽について次のように推論するようになるだろう。

　この太陽こそは、四季と年々の移り行きをもたらすもの、目に見える世界におけるいっさいを管轄するものであり、また自分たちが地下で見ていたすべてのものに対しても、ある仕方でその原因となっているものなのだ、と。

　そこで彼は振り返って考えてみる。最初の洞窟住いのこと、そこで知恵として通用していた事柄のこと、その当時の囚人仲間のことなどを思い出してみるにつけても、身の上に起こったこの変化を自分のために幸せであったと考え、地下の囚人たちをあわれむようになるだろう。

　地下にいた当時、彼らはお互いの間で、いろいろと名誉だとか賞讃だとかを与え合っていたものだった。例えば、つぎつぎと通り過ぎて行く影を最も鋭く観察し、そのなかのどれがいつもは先に行き、どれが後に来て、どれとどれが同時に進行するのが常であるかをできるだけ多く記憶し、それにもとづいて、これからやって来ようとするものを推測する能力を最も多く持っているような者には、特別の栄誉が与えられることになっていた。しかし、いまや解放さ

れた彼は、そういった栄誉を欲しがったり、彼ら囚人たちのあいだ
で名誉を得て権勢の地位にある者たちを羨んだりすることはないだ
ろう。むしろ彼は、囚人たちの思わくへ逆戻りして彼らのような生
き方をするくらいなら、「地上に生きて貧しい奴隷となって奉公す
ること」でも、あるいは他のどんな目にあうことでも、そのほうが
はるかに望ましいと思うのではないだろうか。

　もし彼が地下洞窟に再び行って、前にいた同じところに座を占め
ることになったとしたら、どうだろう。太陽のもとから急にやって
来て、最初のうちは彼の目は真っ暗だろう。

　まだ目が暗闇に慣れずよく見えない間に、そこに拘束されたまま
の囚人たちを相手にして、壁面を動くいろいろの影の判別を争わな
ければならなくなったとしたら、彼は失笑を買うようなことにな
るかもしれない。人々は彼について、「あの男は上へ登って行った
ために、目をすっかりダメにして帰ってきた」のだと言い、「上へ
登って行くなどということは、試みるだけの値打ちさえもない」と
言うかもしれない。囚人を解放して上のほうへ連れて行こうと企て
る者があるとしたら、彼らは何とかして手のうちに捕えて殺してし
まおうとするかもしれない。

　さて、これまで話してきた比喩を次のように解釈してもらいた
い。

　つまり、われわれの視覚を通して現れる世界というのは、囚人
の洞窟の監獄に比すべきものであり、その住いのなかにある火の
光は、太陽の機能に比すべきものであるとみなせるのである。そ
して、上へ登って行って上方の事物を観るということは、〈思惟に
よって知られる世界〉へ上昇していくことであると考えて欲しいの
だ。[[1] 94〜101ページ]

　このプラトンの思想は、われわれの眼前の世界は仮象であって、その
背後に（真の）実在の世界があることを教えてくれる。この世界はさま

ざまなイデアと呼ばれる真実在によって満たされている。これをイデア
の世界と呼ぶ。

　一つの例を挙げてみる。紙上に正方形を描いてみよう。数学で定義さ
れるように、線の太さはなく、等しい長さをもち、かつ四つの直角をな
すように描こうとしても厳密に正確にはできるものではない。ここにお
いて数学で定義される正方形という抽象概念がイデアである。これは実
際には描けないが、思惟によってその存在を理解することができる。数
学者は、思惟された正方形すなわちイデアを対象として論を進めるので
ある。しかしそれを実際には人間は見ることはできないのである。プラ
トンは、紙上に描かれた正方形は、真の実在の正方形（イデア）が投影
された影のようなものとみなすのである。

　正方形の例が示すように、イデアとはさまざまな抽象概念、美、勇
気、健康、徳、……というように一般化することができる。

8.2　谷崎潤一郎のイデア論解釈

　谷崎潤一郎という優れた小説家は、プラトン哲学に異常なほどの興味
を示していたことが知られている。

　彼が31歳の時に発表した『神童』という小説がある。主人公春之助
には、谷崎自身を投影した部分があるという。この小説のある一部分を
次に示す。

　　　春之助が十三になつた正月のことである。神田の小川町邊を散歩
　　して居ると、とある古本屋の店先に英譯のプラトオ全集六巻が並べ
　　てあるのを見付け出した。Bohn's Classical Library と記した背中の
　　金字が散々に手擦れて垢だらけになつて居た。……プラトオの名前
　　ばかり聞いて居て其の文章に接したことのなかつた春之助は、憧れ
　　て居た戀人に出會つたやうな心地がして我知らず胸の躍るのを覺え
　　た。書棚の前にイんだまま彼は偶然自分の眼の前に開けたペヱヂの
　　一節を讀み下した。……恰も彼の眼に入つたのは、THE TIMAEUS
　　の中の、ソクラテスが「時間」と「永遠」とを論じて居る此の五、

六行の文字であつた。彼は平生朦ろげながら自分の心で考へて居た
ことが、立派に其處に云ひ表はされて居る嬉しさと驚きとに打たれ
た。喜びのあまり昂奮して、手足がぶるぶると顫へるくらゐであつ
た。「此れだ、此の本だ。自分が不斷から憧れて居たのは此の本の
思想だ。讀みたいと思つて居たのは此の本の事だ。此の哲人の言葉
を知らなければ、己は到底えらい人間にはなれない」春之助は腹の
中で獨語した。彼はもう其の本を自分の手から放すことが出来なか
つた。

....

　さうして月の廿日頃には、望み通り既に其の書の三分の二を讀過
して、高遠な哲理の大體を會得することが出来たやうに思つた。眼
に見ゆる現象の世界が一場の夢幻に過ぎないことや、ただ觀念のみ
が永遠の真の實在であることや、嘗て春之助が佛教の經論を徹して
教へられた幽玄な思想が、此の希臘（ギリシャ）の哲人に依つて更に強く更に明
らかに説かれて居るのを知つた。〔[2] 59〜61ページ〕

　この文章の春之助のように、谷崎はプラトン哲学に傾倒していったの
ではないか。
　そして谷崎が33歳の時発表した『金と銀』において、見事にイデア
の世界を描いて見せたのである。
　これは才能に対する嫉妬に血迷った友人の画家に殺され損ね、廃人と
なった天才的画家の話である。頭蓋骨に損傷を受けたこの画家は、外か
ら見ればまったく白痴同様である。しかしこの痴人になった天才画家の
青野の頭の中は次のようになっていたのである。

　さうして、異様に落ち窪んだ、暗い、陰鬱な、仕掛けの壊れた機
械のやうに眼窩の奥に嵌まつて居る癡人の瞳には、次のやうな謎が
意味深く光つて居た。――
「……さうです。私は天才です。私の魂は今でも立派に藝術の國土
に遊んで居ます。私の魂は未だに活溌に働いて居ます。私はたゞ、

内部の魂を外部の肉體へ傳達する神經を絶たれたゞけなんです。肉體と霊魂との聯絡を切られたゞけなんです。それを此の世の人たちは白癡（はくち）と名づけて居るのです。……」

　實際、青野の腦髓は決して死んでは居なかつた。彼の魂は此の世との関係を失つてから、初めて彼が憧れて居た藝術の世界へ高く舞ひ上つて、其處に永遠の美の姿を見た。彼の瞳は、人間の世の色彩が映らない代りに、その色彩の源泉となる真實の光明に射られた。嘗て此の世に生活して居た時分に、折り折り彼の頭の中を掠めて過ぎたさまざまの幻は、今こそ美の國土に住んで居るほんたうの實在であつた。「己の魂がまだ肉體に結び着いて居た頃は、己は屡々此れ等の實在を空想したり夢みたりした。」── 彼はさう云ふ風に思つた。彼はたしかに自分の故郷へ歸つたのに違ひなかつた。[[2] 62～63ページ}

8.3　4次元同次処理とイデア論の関係

　ここで、パート1で論じた4次元同次処理における4次元同次空間の構成空間、すなわち3次元ユークリッド空間（$w \neq 0$）と4次元空間部分（$w = 0$）の関係と、プラトンのイデア論における現象界の世界と真実在（イデア）の世界の関係とを対応させ、比較検討する（図3-7(c)参照）。

　プラトンにおける現象界の世界とは、われわれが現に存在している空間のことであるから、これは数学的には3次元ユークリッド空間である。

　プラトンのイデア論は、われわれの存在する空間の背後には、真実在の世界、すなわちイデアの世界があり、この世はその影のような仮象の世界だとする。

　われわれはその仮象の世界、すなわち現象界の世界の事物を感覚的に認識できるのに対し、イデアの世界の存在であるイデアを感覚的に捉えることはできず、思惟によって認識するのだとし、真実在の世界のイデアと現象界の世界の事物は、"もの"とその"影"のような、ある種の

関係で結ばれているとプラトンは考えるのである。

　要するにプラトンは、現象界の世界と真実在の世界はある関係で結び付けられた、互いに独立で、互いに異質な空間であるとしている。

　ところで４次元同次空間を構成する３次元ユークリッド空間と４次元空間部分（無限遠点の集合）は、互いに独立であって、かつ互いに異質な空間であることは明らかである。

　さて、４次元空間部分 [0 X Y Z] の点に対し一般射影変換を適用すると、その像 [x* y* z*] は、

$$[0\ X\ Y\ Z]\begin{bmatrix} s & t_x & t_y & t_z \\ p & a & b & c \\ q & d & e & f \\ r & g & h & i \end{bmatrix} = [w*\ X*\ Y*\ Z*]$$

となる。したがって

$$[x*\ y*\ z*] = \frac{[X\ Y\ Z]\begin{bmatrix} a & b & c \\ d & e & f \\ g & h & i \end{bmatrix}}{pX + qY + rZ}$$

となり、一般に３次元ユークリッド空間に像を結ぶことが確認できる（$pX+qY+rZ \neq 0$ とする）。

　ここで、変換の係数、$a, b, c, \cdots\cdots p, q, r$ などを変化させれば、像は３次元ユークリッド空間内の異なる点に移る（図8-2）。

　すなわち４次元空間部分と３次元ユークリッド空間は、３次元一般射影変換により１対多の形式で関係付けられることが分かる。

　３次元一般射影変換の例として、透視投影の具体例を示してみよう。

　立方体の互いに平行な稜線は、その方向の無限の遠方の点で交差し、無限遠点の交点を持つと考えることができるから、立方体は三つの無限遠点を表す。そこで立方体を写真撮影して透視投影すると、視点と立方

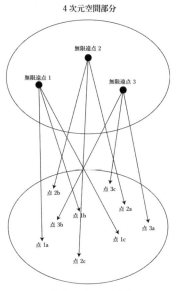

4次元空間部分

無限遠点 2

無限遠点 1　　　　無限遠点 3

点 2b　　点 3c
点 1b　　点 2a
点 3b　　　　点 3a
点 1a　　　点 1c
点 2c

3次元ユークリッド空間

図8-2　４次元空間部分の点に対する３次元
ユークリッド空間の点の対応

体の位置関係により、無限遠点の像は最大三つ、われわれが認識でき
るユークリッド空間に現れる。これらの無限遠点の像は消点（vanishing
point）と言われ、その数により透視図は、１点透視図、２点透視図、
３点透視図と呼ばれる（図8-3）。

　確認のために繰り返して述べると、イデアの世界は思惟によって認識
される世界であり、現象界の世界は感覚によって認識される世界であ
り、両者は互いに異質である。また同様に４次元空間部分は無限遠点の
集合の空間であり、３次元ユークリッド空間とはまったく異質である。
　以上から判断すると、現象界の世界（＝３次元ユークリッド空間）か
ら見て、そのイデアの世界に対する関係は、３次元ユークリッド空間か
ら見て、その４次元空間部分に対する関係と同様であると見なすことが
できる（図8-4参照）。またまったく異質な二つの空間が、射影的に関

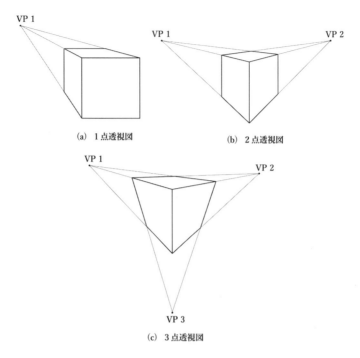

(a) 1点透視図　　　　　　　(b) 2点透視図

(c) 3点透視図

図8-3　立方体の平行な稜線の交点（無限遠点）の投影後の像が消点

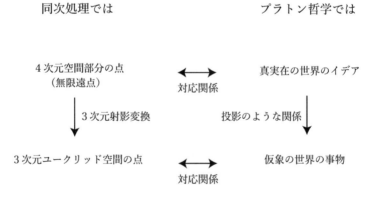

同次処理では　　　　　　　　　　プラトン哲学では

4次元空間部分の点　　　　⟷　　　　真実在の世界のイデア
（無限遠点）　　　　　　対応関係

↓3次元射影変換　　　　投影のような関係↓

3次元ユークリッド空間の点　⟷　　　　仮象の世界の事物
　　　　　　　　　　　対応関係

図8-4　4次元空間部分・3次元ユークリッド空間と真実在の世界・仮象の世界の関係

係付けられているという点でも、両者の関係は相似的である。

　この事実により、以下、<u>イデアの真実在の世界を4次元空間部分に対応させて考える</u>ことにする。

8.4　イデア論に基づく芸術論試論

　イデアの世界にこそ真の美が存在するのだとプラトンは言う。

　人間は3次元ユークリッド空間を越え、4次元空間部分に入り込んで、直接的に見たり、触ったりして確認することはできない。それと同じように、人間がイデアの世界に入って直接的に真の美を知ることはできないことになる。

　いったいプラトンの言う真の美とはどのようなものなのか？

　小生の一つの個人的な体験をここに紹介してみたい。

　あるきっかけからユーチューブで偶然聞いた、エリーナ・ガランチャというメゾソプラノ歌手が歌うマスカーニのアヴェ・マリアのすばらしさに圧倒されてしまった。表現力と歌唱力がよいと思った。説得力がある。何度聞いても感じ入ってしまうのだ。ネットで調べてみるとラトビア出身の若手歌手で今世界的に注目されているということがわかった。なんとか一度、彼女の"生"の歌を聞いてみたくなり、その思いが高じてニューヨークのメトロポリタン・オペラハウスでの、ガランチャ主演のカルメン観劇となった。

　以下には、当日観た『カルメン』の一つの場面に限定して、感じ、思い、考えたことを記してみる。

□『カルメン』の一場面

　4幕ものオペラ『カルメン』の第2幕の終わり近くに、ここで取り上げるシーンが出てくる。これはオペラ解説書では、二重唱：「つたない踊りをお目にかけます」（カルメン、ホセ）として言及される箇所だ（有名な花の歌：「おまえの投げたこの花を」〈ホセ〉の直前に演じられる場面である）。

　ホセは2カ月ぶりで拘留から解放され、カルメンの前に戻ってくる。

自分はこの間、ずっとあなたを思い続けていた、と彼の思いの丈をカルメンにつげる。それに応えカルメンは、「つたない踊りをお目にかけましょう。ご覧あそばせ。踊りも伴奏もひとりでします、そこへ座っていてちょうだい、ドン・ホセ。さあ始めるわ！」と。

　その間、オーケストラは静かにしていたが、打楽器奏者がカスタネットでおもむろに、"タッタッタッタッ……"とリズムを刻み始める。それに合わせてガランチャのカルメンは、ホセの腰掛けている周りを身振り手振りよろしく、透き通るようなショールを舞わせながら踊り回る。ガランチャが「"ラーアーララララ、ラーアーラ、ラーアーララララ、ラーアーラ、……"」と美声をとどろかせて、空中を舞うがごとく滑らかに動くその動きがこよなく美しい。動く衣装と、ひらひらするショールの色彩が美しく映えて見える。会場はシーンと静まり返ったままである。ただ聞こえるのはガランチャ扮するカルメンの歌声と、冴え渡った響きの、絶妙なテンポのカスタネットの音。一場の夢幻的な情景がそこに現出していた。

　自分は没入していた。現実を超えた世界にいるような感覚を覚えた。
　このシーンが終わっても、もっと続いていてくれたら、という思いだ。この場面をしっかりと自分の記憶に留めておきたいと思った。
　そこには、表現力豊かに歌うガランチャの類い稀な歌唱と、絶妙に刻むひときわ甲高いカスタネットの音の世界と、美しい軌跡を描いて滑らかに舞う舞踏の世界が現れていた。ガランチャという歌手は類い稀な歌手であるとともに抜群に優れた踊り手でもあったのである。ガランチャはまるで天から降りてきた音楽の才能そのものであるように思えた。Amazon に載っているガランチャの CD のレビュー中に、「この人には正確に歌うという確信度が DNA レベルで埋め込まれているんじゃないかと思わせる瞬間がいくつかあります」と書かれていたが、小生もまったく同感である。

　同じメトロポリタン・オペラハウスでの、5年前の2010年1月に、同じガランチャのカルメンとアラーニャのホセによるカルメンのDVDは大きな反響を呼んだ。今回も前回と同様、演出はリチャード・エアであったが、いま取り上げているシーンの今回の演出は前回とはかなり変わっている。2010年のものでは、カルメンの踊りの場所はホセのすぐ近くに限られて簡単なものであったが、今回（2015年）では舞台を広く使ってガランチャのダンスの美しさを十分に見せられるように配慮されているのだ。

　この結果、「つたない踊りをお目にかけます」が、このあとに続く、有名なホセによる花の歌「おまえの投げたこの花を」と、両者バランスするほどの見ごたえのものとなり、第2幕をより充実したものとしている。これを可能としたのは、ガランチャの優れたダンスの才能だ。

　帰りの飛行機のなかでこの場面を思い出していると、自分はいつか同じような夢幻的な境地にいる感覚を経験したことがあると思った。しばらくしてそれが谷崎潤一郎の小説『少将滋幹の母』の一番最後の情景であることが思い出されてきた。

　それは平安朝という夢の世界の一場の夢幻的情景である。

　　四十何歳かになった少将滋幹は、春も三月弥生半ばのうららかな日に、一泊した比叡山の僧房を出て、京に帰る途中、ふと思い立って、自分の母が尼になって庵を結んでいるという西坂本の方に下りて行った。その母とは幼児の時に、故あって別れたきりになっている。その母がいるという里に近づいた頃には、もう夕暮になっていた。空は花ぐもりにぼんやりと曇って、うっすらと霞んだ月が、桜の花を透かして照っているので、夕桜のほのかに匂う谷のあたりは、幻じみた光線の中にあった。そしてそこいらの風景は、すべて幻燈の絵のようにぼっとした感じになって、何か現実ばなれのした、蜃気楼のように、ほんの一時的に空中に現われた世界のように見え、目ばたきしたら、消えてしまいそうな気さえしてきた。とこ

ろがこの不思議な、特殊な明るさの中で、何か白いふわふわしたも
のが、桜の木の下でゆらめいているようなのである。魔物じみた夕
桜の妖精でも現われたのかと、自分の視覚の世界を否定したいよう
な気持ちにもなったが、よくよく見れば、非常に小柄な尼僧らし
い。年老いた尼僧がしばしば防寒用に用いる白い絹の帽子を、頭か
らすっぽりかぶっているので、風にゆらめいているのだということ
がわかったのである。尼僧ならば幼児の時に別れたきりの母に違い
ない。夢ではないのか。その尼僧は花に見とれ、月に見とれていた
らしい。間もなく彼女はそこから下りて、清水のほとりに来て身を
かがめ、山吹の枝を折った。滋幹はいつの間にかそこに近づいてい
た。そこから崖の上には細い坂があって、その奥には庵室が建って
いるらしい。滋幹は近づいて、「ひょっとしたらあなた様は、故中
納言殿の母君ではいらっしゃいませんか」と吃りながら尋ねる。尼
僧は、急に人が現われたのに驚いた様子であったが、「世にある時
は仰っしゃる通りの者でございましたが……あなた様は」ときき返
す。

そしてこの物語は、次のような場面で終わる。

　「お母さま」
　と、滋幹はもう一度云つた。彼は地上に跪いて、下から母を見上
げ、彼女の膝に靠れかゝるやうな姿勢を取つた。白い帽子の奥にあ
る母の顔は、花を透かして来る月あかりに暈かされて、可愛く、小
さく、圓光を背負つてゐるやうに見えた。四十年前の春の日に、几
帳のかげで抱かれた時の記憶が、今歴々と蘇生つて来、一瞬にして
彼は自分が六、七歳の幼童になつた気がした。彼は夢中で母の手に
ある山吹の枝を払い除けながら、もつともつと自分の顔を母の顔に
近寄せた。そして、その墨染の袖に沁みてゐる香の匂いに、遠い昔
の移り香を再び想ひ起しながら、まるで甘えてゐるやうに、母の袂
で涙をあまたゝび押し拭つた。[[2] 69〜71ページ]

まさに一場の夢幻劇ではないか。

ところで、谷崎はプラトンを読んで、「これだ。自分が憧れていたのはこの本の思想だ」と思いこむが、彼は何を感じ、何を小説の世界で実現しようとしたのであろうか。谷崎がどのように考えたか、本当のことはわからないが、彼の作品を読むと彼の追求した方向性の一端がわかるような気がしてくる。彼は、プラトンのいう"イデアの世界の美"を探索し、模索し続けたのではないだろうか。

自分は、上に掲げた文章において、夢幻的情景の美というイデアを感ずるのである。

『少将滋幹の母』には人間の心を夢幻の境地に没入させる、美があり、感動がある。このような美は、容易な手段では表現できないものだ。

この美しさは、単なる官能的なものとは一線を画する「深い精神性」を伴ったものだ。さらに『少将滋幹の母』には、その美しさを効果的に発揮し、人間をしっかりと感動の世界に誘い込むために求められる、論理的で、緻密で、堅固な全体構成がある。だからこそ『少将滋幹の母』は優れた芸術作品と言えるのだと思う。

▫ シゲティ演奏のヘンデル　ヴァイオリンソナタ４番

もう一つの例として、文芸批評家の新保祐司氏（都留文科大学教授）の絶賛する、ヨーゼフ・シゲティの弾くヘンデルのヴァイオリンソナタニ長調（HWV371, 通称４番）が思い当たる。このヘンデルの４番とシゲティの組み合わせは、レコードの名評論で有名な野村胡堂こと、"あらえびす"が、ヘンデルのソナタ全６曲中の絶品として選んでいるものでもある。自分はシゲティの10枚組みのCD全集を持っているが、ヘンデルのものはこの４番一曲だけが含められているほどのシゲティの思い入れの曲であるらしい。

以下に、シゲティのヘンデル４番演奏についての新保氏の解説を示す。

　　第１楽章アダージョの出だしからして、もう心とらわれる。何と

いう、気高さであろう、深い精神のあらわれであろう。

　それでいて、清冽な悲しみが流れている。何か上方への切々たる訴え、祈りも折々、あらわれる。それに、深々とした諦念もしみこんでいる。

　第２楽章アレグロの、淀みない快活さ、ギリシャ的な明るさ、健康な精神。

　第３楽章ラルゲットの格調の高い、誇りに満ちた感情の悲しいまでの美しさ。

　昔、歌舞伎の好きな知人と話しているとき、その人は、歌舞伎の中で、最も美しいと思い、好きなのは、手負いの武者だといった。この第３楽章のラルゲットの美しさは、手負いの武者のようである。堂々とした鎧を着た武者ではない。戦さで奮闘し、手負いを負った武者である。そういう手負いの武者の悲痛さが、この楽章の音楽には感じられるのである。

　第４楽章アレグロの、行進曲のような堂々とした歩み、着実な足どり。

　このソナタニ長調には、まさに“精神の貴族主義”が鳴っているといっていいであろう。

　ここに、新保氏は“精神の貴族主義”という表現を使っている。これは精神性が問題となる分野、例えば芸術分野では、人の心の奥深くに訴え、感動を与えるものの存在が重要であって、それは多くの人にとっては容易には理解できず、支持され難いものである。しかし真の芸術の表現者は、多くの人の支持を得ようとして安易に妥協してはならない。誇り高く自信を持って自分の信ずるものを表現しようとすべきだ、という意味であると自分は理解する。政治の世界では、多くの人の支持を得ようとする民主主義をよしとするかもしれないが、芸術の世界では、それをしてはならないということであろう。さらに氏は、

　このような“精神の貴族主義”の曲を演奏するのに、シゲティほ

どふさわしいヴァイオリニストはいない、

とし、

　　ヤッシャ・ハイフェッツのものも買ってみた。しかし、シゲティの方がはるかにすばらしい。というよりもやはり、この曲にはシゲティの精神主義が合っているのである。

　　ハイフェッツは、あえていえば、うますぎる。うますぎるということは、手負いの武者ではないということである。シゲティは、よく技術的に下手であるといった悪口をいわれることがあるが、それはシゲティがいわば手負いの武者であることに理解がいきとどかない浅見にすぎない。[3]

　よい音楽には、単にきれいな音であるとか、巧みに演ずるとかという以上に、例えば、格調の高さ、誇り、深い慈愛、哀愁、悲しみ、諦念とかの精神性の表現が云々される。もし、人の心に強い感動を与えるような、「深い精神性」を伴うとき、それは"現象界の世界"では得られにくいもの、プラトンの説く"イデアの世界の美"といってもよいのではないか。プラトンは「思惟によって知られる世界の美」と言った。

　ヘンデルのヴァイオリンソナタ第4番は、"精神の貴族主義"の曲であり、それを演奏するにふさわしいのは精神主義に徹する演奏家であるシゲティである、と述べられている。新保先生は、まさに"イデアの世界の美"をシゲティのヘンデル4番の演奏に見出しておられるのだと思う。

□ 芸術家の創造行為

　改めて、人間の心のあり方という観点からプラトンの言う二つの世界、すなわち現象界の世界とイデアの世界について考える（図8-5）。

　現象界の世界すなわち人間空間では、人間の心は主観的な本能的感情

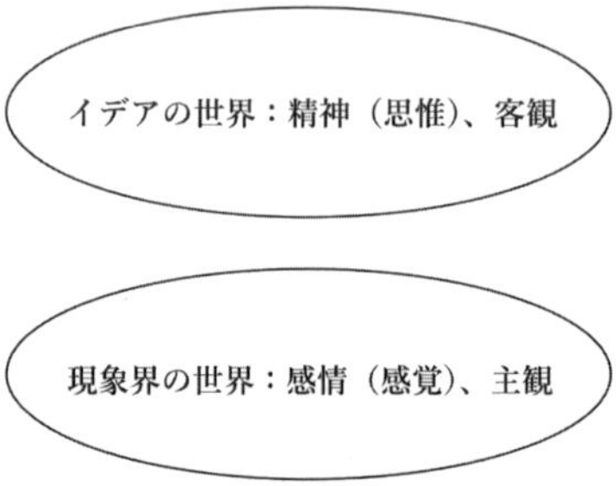

イデアの世界：精神（思惟）、客観

現象界の世界：感情（感覚）、主観

図8-5　プラトン哲学の一つの理解

（感覚）に支配されるとみなせよう。一方イデアの世界は、人間のより
高次な客観的心の働きである精神（思惟）の支配する世界である。ここ
にイデアは普遍性を持つ。

　これまでしばしば述べたように、3次元ユークリッド空間においてそ
れを超え、4次元空間部分に入り込むことは不可能であるように、3次
元ユークリッド空間に対応する現象界の世界から、4次元空間部分に対
応するイデアの世界に入り込むことは困難であるはずだ。すなわち人間
は "イデアの世界" に存在するという真の美というものを、通常は知り
得ないとみなせる。

　ところが芸術家は人並みはずれて優れた "想像力" と "感性" を持っ
ている。その想像力と感性をもってすれば、現象界の世界を超え、さら
にイデアの世界を動き回り、"イデアの世界の美" を想像し、高次の精
神の世界を感じ取ることができるのではないか。

　それでは芸術家はいかにして創造活動を行うのだろうか。

　ここに、モーツァルトがその楽想をどこから得ているかと聞かれたと
きの返事がある：

　　自分がよい食事をして、暖かな日差しの下で草原などに横たわっ
　　ていると音楽が聞こえてきます。それを覚えていて楽譜に記すだけ
　　です。[[5] 143ページ]

　モーツァルトの場合は、楽想をインスピレーションのように“啓示として受けとる”のである。または作曲家が主体的に楽想を“発見する”場合もあるだろう。楽想の獲得はイデアの世界で完了する。このあとは楽想を普通の人間が理解可能なように、ほとんど自動的に楽譜に書き表すだけで音楽が“できる”と述べているかのようである。この後半の作業が、同次処理では一番最後の処理である w で割り算すること、すなわち人の理解できる表現に変換することに相当する。

　幸田露伴は、

　　芸術は“こしらえる”ものではない、“できる”ものだ……{[6] 54〜
55ページ}

と言っているが、これもモーツァルトの発言と通じるものがある。別な言い方をすれば、「芸術は“発見する”もの、または“啓示を受ける”ものであって、本質的な部分は“作る”ことにあるのではない」となるのだろう。自分はこの表現が創造の本質を表しているものと理解するが、この場合注意が肝要である。

　規模の大きな芸術作品の場合は、楽想を具体化し人の共感を得るためには、複雑な構造体を作り上げるための技術が必要になるということだ。楽想を人間に説得的に感銘を与えるように構造体を構成するためには、芸術家の論理的、理知的、技術的な能力が求められるはずである。最終的に楽譜に現れる旋律がどんなに個性的なものであっても、構造体の基本的な構成がガッチリしていなければ、変に崩れたものとなり人を大きな感動に誘うには至らないであろう。芸術の創造は“発見する”だけで済むのではなく、そのあとの膨大な、骨の折れる“作る”作業を伴ってこそ完了する。この段階は、ちょうど壮大な建築物を設計する建築家の場合と変わるところがないと思われる。

　この“作る”作業は、イデアの世界における“発見”に比べれば従的、補助的なものであろうが非常に重要である。イデアの世界から得られた楽想を生かすも殺すも、まさにこの“作る”作業にかかっているの

だから。このとき芸術家に求められる能力は、システム工学の"総合(synthesis) の技術"、すなわち"まとめ上げる技術"である。

◆参考文献

[1] プラトン（藤沢令夫訳）『国家（下）』岩波文庫、1996。
[2] 渡部昇一『発想法』講談社現代新書、1981。
[3] 新保祐司「音楽の詩学」『Mostly Classic』連載17、10月号、2009。
[4] 藤沢令夫『プラトンの哲学』岩波新書、1998。
[5] 渡部昇一『ローマ人の知恵』集英社インターナショナル、2003。
[6] 渡部昇一『日本語のこころ』WAC、2003。

第9章　4次元同次処理の哲学的意味：抽象の世界と具象の世界

9.1　普遍論争[1]

プラトンのイデア論に関連する事柄として、中世のスコラ哲学者たちの間で行われた、いわゆる普遍論争がある。

人間が存在する空間において、人が直接的に、具体的に接し得る対象がある。例えば、一人ひとりの"人間"とか、または紙の上に描かれた個々の"点"とかである。このように人間により、容易に認識できる対象をここでは"事物"と呼ぶことにする。これら事物の背後には、それらを抽象する抽象概念がある。すなわち"人類"とか"幾何学で定義される点"という概念がある。

普遍論争では、"人類"とか"幾何学で定義される点"などの抽象概念を表す言葉が"実在"を示すものなのか（これを実在論〈実念論〉：realism という）、それとも単なる"名称"にすぎないのか（これを唯名論：nominalism という）が議論された。

唯名論は、事物こそが実在であり、抽象概念は事物から抽象された単なる名目にすぎないとする考え方である。これに対し実在論は、精神

（思惟）によって理解される概念こそが真の実在であるとするのである。
　以下には歴史書が述べる普遍論争の経緯を示そう。

　　　実在論は「物事を理解するために神を信ずる」という信仰の態度
　　であり、神の実在がなによりも、まず第一に信じられ、したがっ
　　て神から発する普遍概念が実在とされた。すなわち、事物よりも
　　抽象的な概念になればなるほど、実在性が強まると考えられたの
　　である。これに対して唯名論は、「神を信ずるために、まず理解す
　　る」という理性の態度である。封建社会における実在論・唯名論の
　　激しい論争は、まさに信仰と理性との争いでもあった。そして、時
　　代とともに唯名論が優勢になったことは、理性的態度の伸長を示す
　　ものであり、それが近代科学や近代思想の誕生につながったのであ
　　る。[[1] 217ページ]

　オッカムのウィリアム（William of Ockham、イングランドのオッカム
出身）は唯名論の代表的な主張者であり、これは西洋哲学史におけるイ
ギリスの特異な地位の源流ともみなせよう。その後イギリスでは、近世
初頭では経験論、近代ではプラグマティズムの流れとなる。
　一方実在論主張の代表者は、シチリア王国出身の聖トーマス・アクィ
ナス（St. Thomas Aquinas、1225頃 –1274.3.7）で、彼の説が中世のカト
リック教会の正統的見解であった。彼はドイツで学び、そこで教授をし
ていたドミニコ会の聖人であった。ここに後のドイツの典型的な考え方
の発祥を見ることができるであろう。

9.2　4次元同次処理と普遍論争の関係

　8.3節における考察より、イデア（真実在）の世界を4次元同次空間
における4次元空間部分に対応させて考えることになった。
　ところで、普遍論争の内容を知れば、プラトンは神や信仰とは関係な
く、紀元前の当時から実は普遍論争における実在論を主張していたこと
になる。

彼は、精神（思惟）によって理解される概念が真の実在であるとし、これを“イデア”と呼び、感覚でとらえられる事物（例えば“個々の人間”とか紙の上に描かれた“個々の点”）は仮の姿であって、真の実在の“影”または“映像”のようなものにすぎないと考えたのである。

　プラトンの言う真実在の世界の要素、イデアとは、普遍論争における抽象概念に相当することがわかる。

　8.3節では、イデアの世界の構成要素と現象界の世界の構成要素との関係を投影という現象面から考察し、その関係は４次元空間部分と３次元ユークリッド空間との関係に相似であることを見出した。

　普遍論争により新たにわかることは、イデアの世界の構成要素と現象界の世界の構成要素の内容面である。すなわちイデアの世界の構成要素イデアの内容とは抽象概念であり、現象界の世界の構成要素の内容とは具体的な事物ということである。

　すなわちイデアの世界は、抽象概念を構成要素とする世界であり、また現象界の世界は具体的な事物を構成要素とする世界である。

　さらに8.3節の考察を含めて考えれば、４次元同次空間における４次元空間部分と３次元ユークリッド空間は、それぞれ抽象概念を構成要素とする世界と具体的な事物を構成要素とする世界に対応することがわかる。

　このことより、抽象概念は具体的な事物の次元（３次元）より高い次元（すなわち４次元）に相当するとみなすことができる。

　本書では、抽象概念を構成要素とする世界を“抽象の世界”、また具体的な事物を構成要素とする世界を“具象の世界”と呼ぶことにする。ここで抽象と具象とは反対概念であるとみなせる。

　さて普遍論争において、“幾何学で定義される点”という抽象概念は、大きさがないとされる。そのような点は、現実には存在しないのであるから抽象的な概念にすぎないわけであるが、それが実在するとしてはじめて幾何学が成立し、それを利用した工学も成り立つのである。

　音楽美というものがあるから、多くの音楽家がそれを追求しているの

である。

　善という概念があるから善人と言われる人が存在するし、また真理という概念があるから哲学者や科学者はそれを追求していると考えられる。

　このように考えれば、実在論の真実性を理解できそうに感じられるが決定的ではないかもしれない。しかし上述の、抽象の世界が４次元同次空間の４次元空間部分に対応するという結論は、実在論の数学的証明になっている。

　すなわち３次元である"この世"の範囲で考えようとしても理解できないが、３次元を含むより広範な世界である４次元の世界で考えれば、抽象概念は実在し、普遍論争における実在論は正しいとなり、またイデア論も同様に正しいのである。

　以上述べた結論のまとめを、図9-1に示す。

　４次元同次空間における二つの空間（４次元空間部分と３次元ユークリッド空間）の関係を、"抽象の世界"と"具象の世界"の対応として考えてみると、普遍論争の説明が示すように、一つの"抽象概念"には、多数の"事物"が対応する。例えば、人類という抽象概念に対して、無数の事物である人が対応する。すなわち抽象から具象への対応は１対多となるのである。一つの抽象概念は、多数の事物で構成される。

　このようにイデア論に対する視点を少し変えてみると、ここに新たな展望が期待できそうである。

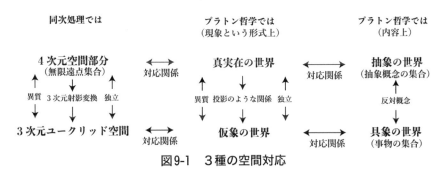

図9-1　３種の空間対応

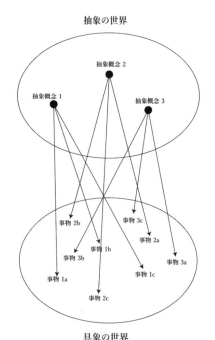

図9-2　抽象の世界と具象の世界の対応

　以上の関係を図9-2に示す。

9.3　抽象と捨象

　ある"事物"[脚注]の集合が与えられたとする。これらの集合を"広い視野"をもって、その全体を"大局的"に観察し、その内容を把握しようとすると、そこにはさまざまな性質、傾向、共通性などの特質の存在を知ることができる。これらの特質を概念的に抽き出すという抽象化の行為は重要な意味を持つであろう。

　例えば、人類という人間の集合に対し、日本人という概念を抽き出してみたら、日本人というものがどんな民族であるかが、具体的に浮かび上がってくるであろう。[4], [5]

　日本人とは日本を国籍とし、ほとんどが日本列島に居住している人間で、皮膚は薄い黄色、頭髪は黒色か茶色で直毛もくせ毛もある。瞼は一

重のもの二重のものもあり、身長は中ぐらいで若い男性の平均は171セ
ンチぐらい。また幼児期に蒙古斑が現れる。日本人のほとんどは日本語
を話す。

　宗教については、あるアンケート調査によれば、「何らかの宗教を信
じている」が26％、「何らかの宗教を信じていない」と答えた人の割合
は72％という結果であった。日本人は宗教を毛嫌いし無宗教であるこ
とを公言する人の数が他国に比較して多い。キリスト教やイスラム教信
者の信仰心は日本人の想像を超えるもののように日本人にはうつる。日
本では戦時中に宗教が国家権力と結びつき悪用されたことや、もともと
日本人は日常生活の中に、宗教性を入れ込んで生きる姿勢を保持してき
たため、特定の宗教を他の一神教の信者たちが"信じる"態度では信仰
しなかったのだろう。

　言語表現については、漢字が伝わる以前の独自の文字は現在まで見つ
かっていない。

　漢字の伝来後はこれを表記に用い、後に、漢字を大幅に崩すことで、
音節文字の一種であるひらがな、カタカナが発明された。これまですべ
て漢字や万葉仮名で記述されていた日本語をそのまま文章にすることが
可能となり、日本文学が発生し発展した。中世には現在の日本語の書き
言葉の原型となる和漢混淆文が成立し、日本語は漢語と和語を織り交ぜ
た自在な表現力を得たのである。

　日本語は多種の文字を組み合わせるという複雑な表記体系を持つが、
近現代において日本人の識字率はきわめて高い。近世の大和民族は、世
界的に見ても識字率が高い民族であった。仮名や簡単な漢字を読むこと
は江戸時代の庶民の間では常識の域に属し、庶民層を対象にした盛んな
出版活動がなされた。江戸時代に来日した外国人は、大和民族が身分や
男女の別なく文字を読めることに驚き、そのことを印象深く本国に伝え
ている。

　ところで辞典[2]によれば"抽象"とは、

　　　事物や表象を、ある性質・共通性・本質に着目し、それを抽き出

して把握すること。その際、他の不要な性質を排除する作用（＝捨
象）をも伴うので、抽象と捨象とは同一作用の２側面を形づくる。

とある。ここにおいて“表象”とは、[2]

感覚の複合体として心に思い浮かべられる外的対象の像。知覚内
容・記憶像など心に生起するもの。直観的な点で、概念や理念の非
直観作用とは異なる。心像。観念。

と説明される。表象の具象的な例を挙げてみる。

例えば「天国」。天国の様子を絵画で描写したり、物語で語ったり、
音楽で表現したりすることは可能だろう。それらの「天国」をテーマと
した作品が、「天国」の表象である。[3]

ところで、抽象という手続きにより、抽き出され、発見されたものと
は、最初に与えられた個別な事物や表象の集合を、一つの概念にまとめ
たものとみなすことができる。本書ではこの事象を抽象概念の発見と呼
ぶことにする。

[脚注]
本書では、“事物”なる語を“個別的な事物”の意味として用いている。

9.4　抽象概念の総合

さて、一般的に大きな問題対象に対する抽象という行為は、非常に複
雑で、困難な、人間の高度な知的行為を伴うものである。自然科学者の
発見的行為、人間社会学者の創造的行為などなどは一種の抽象の行為の
最終的な結果であるとみなせる。

この場合、単に抽象の結果である“ある種の概念を抽き出し、把握す

る”（抽象概念の発見）に終わらず、“その把握された抽象概念を、効果的に活かし、ある現実的に意味のある結果に、更にまとめあげる”ことに連なっている点に注意しなければならない。これが抽象の持つ重要な点である。この抽象概念の発見に連なる行為のことを、狭い意味の抽象とは区別して抽象概念の総合と呼ぶことにする。

　抽象概念の発見と総合とは、システム工学的な表現で表せば、前者は解析（analysis）の態度であり、後者は総合（synthesis）の態度であり両者の性格は異なる。

　ここにガリレオの例を挙げてみよう（“11.1.1　ガリレオの科学”を参照）。

　ピサの大聖堂のランプが大きく振れているのを見ていたガリレオは、大きく振れても小さく振れても、ランプが往復する時間は変わらないようだと感じた。「振り子の往復する時間は、振れの大きさには関係しない。おもりの重さにも、かたちにも、ひもの種類にも関係しない」という振り子の等時性（抽象概念）が、ガリレオの行った狭い意味の抽象という行為（抽象概念の発見）の結果である。

　その後の抽象概念の総合という、更なるまとめあげる行為を行った結果、現実的に意味のある次の最終結果に到達したのである。すなわち、振り子の周期 T は、l をひもの長さ、g を重力の加速度として次式で表される。

$$T = 2\pi\sqrt{l/g}$$

　さて、“抽象”という行為は、広い視野をもって、対象の全体を大局的に観察する態度が必要という点に注目したい。ここにおいて、“抽象”と本書主題「1次元高い世界で考える」という思考形式とが密接な関連性を持つのである。

　ところで、“抽象”の反対語は“具象”である。

　ある集合が与えられるとき、それを大局的に観察し、そこに存在する共通的な抽象概念を認識し、その“抽象概念を現実的に意味のある形式にまとめようとする”ことが“抽象”の態度、考え方であり、まとめる

ことなく"そのままにしておく"ことが"具象"の態度、考え方である。

　本書では、"抽象"の考え方に基づく世界観を"抽象の世界観"、"具象"の考え方に基づく世界観を"具象の世界観"と呼ぶ。

◆参考文献

［１］吉岡力『詳解　世界史』旺文社、1992。

［２］『大辞林』第三版、三省堂、2006。

［３］井上昭洋「表象と言説」ハワイ人とキリスト教：文化と信仰の民族誌学（14）『Glocal Tenri』Vol. 11 No. 5 May, 2010.

［４］ウィキペディアフリー百科事典「日本人」2010。

［５］ウィキペディアフリー百科事典「日本語の表記体系」2020。

パート4　抽象の世界観と具象の世界観

　パート3では、注目の"4次元同次空間"の哲学的検討を行い、その構成空間のうち、4次元空間部分が"抽象の空間"に、また3次元ユークリッド空間が"具象の空間"に対応することが示された。ここに"抽象の空間"の構成要素は抽象概念であり、"具象の空間"の構成要素は、具体的な事物や表象である。

　パート4では、抽象の空間と具象の空間のそれぞれに基づく世界観を、歴史上の巨人たちの業績により調べることが目的であるが、まず、第10章では、抽象の世界観、具象の世界観とは何かを考える。ここでは、"抽象"と"具象"という観点において際立った対照をなす、抽象の世界観のドイツと具象の世界観のイギリスの国民性を調べ、ドイツ的思考の強力性、危険性とイギリス的思考の堅実性、コモン・センスを指摘する。

　また第10章では、抽象の世界観の指向すべき方向性と満たすべき条件を論ずる。すなわち、本来抽象の世界観は、真理の発見または、普遍的な価値概念に則して発見的に得られるべきもの、としている。

　第11章では、歴史上に提示された、さまざまな抽象の世界観、具象の世界観の要点を紹介する。

　抽象の世界観は、"発見された抽象の世界観"、"作られた抽象の世界観"、"発見的に得られた抽象の世界観"に分類して示し、主として"捨象"の観点から検討する。

　具象の世界観は、"コモン・センス"の観点から評価している。

　第12章は、具象の世界観が抽象の世界観の陥りやすい捨象の問題点をチェックする意義を有するとしている。

　第13章は、これまでの議論を踏まえた上で、抽象の世界観と具象の世界観の総括的、概括的なまとめを行う。

　第14章は、ビスマルクの名言「愚者は経験に学び、賢者は歴史に学

ぶ」が、短い語句の中に本書が表現しようとした事柄を圧縮し示していると評価する。

　最終章では、本書の結論を四つにまとめて示す。

第10章　対照的な抽象の世界観と具象の世界観

10.1　抽象の世界観

　人が仮に、身の動きを自由に行える環境になかったとする。見えるものは、いつも同じ風景で、代わり映えがしない、そんな状況に有能な人間が絶えず置かれたらどうであろうか。行えることはただ自分の頭脳で考えることだけだ。思考に思考を重ねることになるだろう。現実に認識する事物の集まりを“そのままにしておけず”、思考を重ね、そこにある種の概念を認識し、さらにその概念を、現実的に意味あるものに“まとめようとする”。

　したがって思考や哲学は概念的、観念的であり、実在論（実念論）的発想法の特徴を濃厚に持つのは自然であろう。三宅雪嶺[1]は、このような世界観を持つ国を“陸国型”と名付けた。ドイツがその典型であるが、中国もそれに近いかもしれない。マルクスは、ヘーゲル哲学という典型的な陸国型哲学に取り憑かれた。

　ベートーベンの第九交響曲の合唱の歌詞は、シラーの“歓喜に寄する賦”（Ode an Freude）から取られたものである。歌詞の中で、「あなた（歓喜）の魔力は，時流が厳しく分け隔てたものを再び結びつける」と抽象概念そのものを喜びの対象としている。だから喜びの原因がはっきりと掴みにくいのである。結婚の喜び、子供出産の喜び、入学の喜びなどという具体的なものではないところがわれわれ日本人にはちょっと奇異に感じられる[2]。

　陸国型の場合、国家や社会など全体の利益を最優先させる全体主義の考え方になりがちである。ナチス時代のドイツはヒトラーの肖像画で国中が埋まった。つまりヒトラーの肖像画を見てドイツ全体の概括を見る

のである。かつては中国でも毛沢東の肖像画が中国大陸を埋めた[2]。

　中国でいう民主的とは、プロレタリア階級とか人民とかいう抽象概念に主権があるという意味に受け取れる。

　また憲法のような大前提を最初に立て、それに基づきいろいろな法律を演繹しようとする。憲法は観念的・概論的な法体系となる。

　さてここで、ドイツの母体を成したプロイセンの歴史を振り返ってみよう。

　プロイセンは地政学的に国境に天然の要害があるわけではなく、フリードリッヒ大王は四方敵国に囲まれているという強迫観念を持っていたから、極端なほどに軍事力強化に力を入れ、国家の存立を確固たるものにしようと腐心した。そうであるからまずは"国家"が頭にあった。

　その後、ナポレオンにほとんど壊滅的な打撃を受けたプロイセンは、その強大さに対抗するための国家的対策として世界に先駆けて軍事参謀組織を設立し、充実を図った。

　軍事学者クラウゼヴィッツはプロイセンの安全保障について哲学的な深い考察を行い、国家が壊乱状態にあるとき、民主主義的な考え方は国家分裂要因になると洞察し、国家を維持するために軍の強化が必要になるとした。したがって国家に対し国民は従の関係となる。この考え方は以後、ビスマルク、モルトケらにも共有されていった。そして全体主義国家ナチの誕生につながっていく[2]。

　国民より国家という考え方は、根本としてドイツの置かれている地政学的な条件より発している面が大きいと思われる。ドイツ国民も彼らの置かれている条件をよく理解し、その条件のもとに築き上げられてきた彼らの歴史を誇りに思っているようだ。

　ほとんどのドイツ国民は、第1次大戦後のドイツに制定された、基本的人権の尊重を認めた民主的なワイマル憲法を自分たちの誇るべきものとは思っていなかったと言われる。なぜなら彼らは国家という言葉に"誇り"、"権力"、"権威"のイメージを持っているが、ワイマル憲法の民主主義はこのドイツ精神にそぐわないと考えているからである（"11.2.3　ヒトラーの思想と哲学"参照）。

10.2 具象の世界観

　以上とは反対に、四方海に囲まれて、地政学的安全保障が得られ、安心して人は思いのままに自由に動きまわれる環境にあったとしたらどうだろうか。目に見えるものは次々と変化する。人はさまざまな人物と接触することになるだろうし、さまざまな異なる風物と接触することになる。そしてさまざまな体験をする。

　このような国民は、見聞する事物を"そのまま"のバラバラの状態にしておき、個なるものを個として、概括することなしに観察するという立場をとるものだ。このタイプを雪嶺は"海国型"と名付けた。イギリスをその典型とするが日本もそれに近いだろう。唯名論的発想法を大切にし、個体志向、具象志向である。

　陸国型の詩の例として、シラーの詩を挙げたが、ここでは海国型の例として日本の俳句を考えてみよう。「古池や　蛙とびこむ　水の音」。俳句の場合、あくまで自然物を使いその中に季節感を出そうとする。高遠な思想を述べようとする場合でも、抽象表現は使わないのが原則である。シラーの詩のように、高度な知力を要しないので誰にでも作ってみることができるのは俳句の特色でもある[2]。

　しかし、人によっては古池が永遠を象徴し、蛙が人間を象徴し、水の音が人生のあたふたとした忙しさを象徴し、そこから永遠と個人の生涯の短さの対比が示されると解釈することもできる奥深さも持っている。

　さてイギリスでは、国を概括するような意味での肖像画はなく、国家という全体性の中における個々人の肖像画を大切にする。イギリス人は個人の肖像画に対する特殊な愛着を持ち、ロンドンには国立肖像画美術館（National Portrait Gallery）もある。イギリス人は、ある特定の個が全体を包摂してしまうことを好まないのである[2]。

　肖像画に対する好みと同様にイギリス人は、個人の伝記にも関心を寄せる。人名辞典（*Dictionary of National Biography*）は、1冊1000ページほどのものが60巻もある[2]。

　もう一つの例として、シェークスピアと並んで最もイギリスを代表するといわれる文人ジョンソン博士は、自国の詩人52人の列伝を書くこ

とは最高の楽しみであったというが、またイギリス人もこの列伝を好んで読んだと言われている。個を大切にするのがイギリス人の特徴なのだ。

哲学は、フランシス・ベーコンを代表者とする経験論がイギリス哲学の特色である。政治的に彼らアングロ・サクソンを特徴付けるのは民主主義で、個人の意見を尊重するのである。プロレタリア階級とか人民とかの人権ではなく、個人個人が好きな政党を選び、好きな議論を発表できるという意味の民主主義なのである。

イギリスには成文憲法はない。あるのは共同体の民度に合わせて発達してきた判例の集積による慣習法が中心である。

わが国は海国型のように思えるが、聖徳太子は、中国大陸の当時の大国との対抗上からか、より進んだ法制と見えたからか、隋の制度や条文を参考にして、十七条憲法を作ったが、たちまち空洞化した。その後、武家を中心とした"習慣"に基づいた幕府のやり方の方が、より国民生活に密着し、空洞化の度合いが少なかった。また明治維新の時は、伊藤博文は「千古不磨の大典」といわれる憲法を作ったが、たちまち空洞化し、軍国主義に利用されてしまった。

戦後の新憲法も発布当時、アメリカ製だと言って最も強く反対していた左翼が今日最も強く支持し、反対に、発布当時は賛成だった右翼が、今ではアメリカ製だと言って最も強く改正を主張している。要するに各派の、その時点その時点における利用のしやすさしか問題にならない[2]。

憲法という大陸型の法制はすぐに国民生活と一致しなくなる。

一方、その都度その都度の法律の積み重ねでやってきたイギリスでは、成文憲法がなくても大過なく対処しているようである。個々の出来事を個々のものとして処理するイギリス人の世界観がよくあらわれている。ここにわれわれ日本人は同じ海国型の国民として、イギリス人の世界観に注目する必要があると思われる[2]。

ところで話題を国語の辞書の問題に移すことにする（"第A2章　ジョンソン博士の『英語辞典』の歴史的位置付け"参照）。

17世紀のはじめ頃に設立されたアカデミー・フランセーズは、フランス語の整備に着々と成果を上げ、そこで作られた辞書は、万人を承服させるだけの権威があった。

　一方イギリスではどうだったのか。イギリスでは、国家の威光を背景にした機関によらず、サミュエル・ジョンソン（"11.4.1 ジョンソンのコモン・センス"参照）という一私人と民間出版社によって『英語辞典』が、1755年商業ベースで作られたのである。ジョンソンは、市井の学者であって大学教授ではない。象牙の塔などに引きこもっていないでロンドンのコーヒー・ハウスで気炎を上げていた男であった。18世紀頃からイギリス人の市民生活のあらゆる面に、"個"を志向した考え方が顕著であった[2]。

　ジョンソンの辞書だけではない。ジョージ・キャンベルの『修辞学の哲学』、マレーの『英文法』（1795年）など、いずれも個人が書いた著作が、何ら国家の権力を背景にすることなく国語アカデミーの役割を引き受けるに至ったのである。

　ジョンソンなどは、公立機関による国語規制の如きは、専制国家で国民が奴隷的な国ならいざ知らず、個人個人が権利意識にめざめた自由な国家では通用しないのだ、国立の英語アカデミーによる統制は、イギリス人の自由の精神に反する、と昂然と言い切っている。つまりジョンソンらの目から見ればイギリスは民主的、大陸諸国は専制国家なのである。

　このようにイギリス人の"個"に目覚め、"個"を大切にする姿を思うにつけ、アングロ・サクソン人に受け継がれている海国型の国民性を思うのである。民主主義とは個人の意見の尊重であることは言うまでもないが、アングロ・サクソン人は体質的に民主的な考え方を持っていると思わされる。

　16世紀後半、イギリス人と同じ血の流れを持つオランダ人は、スペインに対する独立戦争をしていた。1581年、ユトレヒト同盟はスペイン王フェリペ2世の君主権を否認する「忠誠廃棄宣言」を発布した。この宣言こそは世界で最初の自由民権宣言であり、英国の名誉革命、フラ

ンス革命、アメリカ独立宣言の淵源をなすものであった[3]。

　前述の陸国型のプロイセンの場合と比較してみると、海国型のイギリスは海に囲まれ、歴史上の古い時代には外敵の直接的な侵略からは逃れられ、安全保障上は比較的恵まれていたことも彼らの世界観に影響しているのではなかろうかと改めて思う。

10.3　神が創造したもの

　著者は、特定の宗教を信ずるものではない。しかし以下のことを論ずるにあたって、仮に創造主としての神を仮定すると、著者は自分の考え方を表現しやすくなり、また読者も著者の考え方を理解しやすくなるであろうという理由から創造主としての"神"という表現を用いることにする。

　ユダヤ教・キリスト教の聖典である『旧約聖書』「創世記」の冒頭には、以下のような天地の創造が描かれている。

創世記1章1-8節（口語訳聖書）

1　はじめに神は天と地とを創造された。

2　地は形なく、むなしく、やみが淵のおもてにあり、神の霊が水のおもてをおおっていた。

3　神は「光あれ」と言われた。すると光があった。

4　神はその光を見て、良しとされた。神はその光とやみとを分けられた。

5　神は光を昼と名づけ、やみを夜と名づけられた。夕となり、また朝となった。第一日である。

6　神はまた言われた、「水の間におおぞらがあって、水と水とを分けよ」。そのようになった。

7　神はおおぞらを造って、おおぞらの下の水とおおぞらの上の水とを分けられた。

> 8　神はそのおおぞらを天と名づけられた。夕となり、また朝
> 　となった。第二日である。

- 1日目　神は天と地をつくられた（つまり、宇宙と地球を最初に創造した）。暗闇がある中、神は光をつくり、昼と夜ができた。
- 2日目　神は空（天）をつくられた。
- 3日目　神は大地を作り、海が生まれ、地に植物をはえさせられた。
- 4日目　神は太陽と月と星をつくられた。
- 5日目　神は魚と鳥をつくられた。
- 6日目　神は獣と家畜をつくり、神に似せた人をつくられた。
- 7日目　神はお休みになった。

　上の「創世記」が示すように、創造主神は、宇宙と地球、空、大地、海、動物、植物、……などの"天然自然"とともに、"人間"をお作りになった。

　天然自然に対しては、それに関する無数の真理をお作りになり、容易には発見されないように奥深くに埋め込まれた。

　また同様に人間に対しては、その身体と心に関して、天然自然と同様に真理をお作りになり、埋め込まれた。このおかげで、人間は、ある"特有な性質"を持つ存在となった。

　ところで人間には男と女があり、結婚して夫婦という単位ができ、さらに子を作り大きな家族という単位ができた。これは自然なことである。

　地球上には、各所で人間の集合が出来上がり、社会がつくられる。それは国家という単位にまで拡大する。

　国家は国民を統治する必要が生じるし、また外国との交渉も行わなければならないわけであるからそこに政治が必要になるのも当然の成り行きである。

　夫婦ができ、家族ができ、社会ができ、国家ができて個々の人々の活動が自由に行われれば、時間の経過とともに、各国特有の文化が生ま

れ、各国特有の歴史がつくられるというのもごく自然なことである。

　人間には、"特有な性質"があると言ったが、その1例が"私有財産を持ちたい"という性質である。人は本来的にこの性質を持っているために、活動の意欲が刺激され、競争心を起こし、活動が活発化する。もちろんこの性質のために、他人の所有物を盗むという犯罪が生じる。

　以上のことは、世界中に人間が存在する以上、一般的に問題となる事柄であり、一般的に起こる事象である。このような事柄は、神による創造にあたって、きっと織り込み済みなのであろう。

　ところでこの世の中には、国や時代が変わっても誰もが疑いなく価値を置いている普遍的な概念があるということである。例えば、人権、私有財産、プライヴァシー、自助精神、夫婦、親子、兄弟姉妹、家族、教会、国家、……などは普遍的な価値を持つ概念であると認められている。神が意志として、創造の際に人間社会に対して織り込んだとも思われるくらいに自然な道理であると考えられる。

　これら人間社会における普遍的な価値概念とか道理は、天然自然に存在する"真理"に対応する、人間社会に存在する一種の"真理"であると考えてよいのではなかろうか。

　真理とは、天地創造にあたって神によって組み込まれた抽象概念とみなせよう。

10.4　抽象の世界観の満たすべき条件

　ここで自然科学者が真理の発見に至る場合を考えてみたい。

　神の創造物である自然には、非常に複雑なからくりのもとに、無数と思える絶妙な真理が埋め込まれ、人の認識からは深くヴェールで隠されている。

　科学者は、自然を広い視野で大局的に観察し、そこにある種の原理的なものの存在を感じとり、無関係な事物や現象などは考察の対象から外し、すなわち"捨象"し、抽象化を少しずつ進め、試行錯誤の末、ある結論的な結果に到達する。その結果に対しては自然科学上の合理性をあ

らゆる方向から、厳密に徹底的に調べ上げられ、検討された末に、ついに自然界の真理の発見として認められるのである。

　真理の発見は、ある見方からすれば、科学者が、神が行ったと同じ抽象化の手続きを自らが実行して、神が成したと同じ結果に到達したと思えてしまう場合があるかもしれない（"11.1.2　ニュートンの科学"参照）。

　さて神により創造されたものとしては、天然自然だけでなく"人間"そのものもある。人間には身体という肉体だけでなく、精神活動を行う心の部分が存在する。これらにも神が創造した真理が存在する。身体的な側面に関する真理は人間科学者が発見しようと努める。心の面に関する真理に、科学的にアプローチするのが心理学者であり、哲学的に、"人間の性質（human nature）"を社会との関係において発見しようとするのは哲学者であると言えよう。

　さてもう一つ人間の集まりである"人間社会"という問題がある。この場合は、神が創造した真理というものがわかりにくいが、"10.3　神が創造したもの"で述べたように、誰もが疑いなく価値を置いている普遍的価値概念や道理に則して、"発見的に抽象を見出す"という態度が望ましいと著者は考える。

　人知の万能性を信じ、ただただ頭の中だけで作り上げられたような、普遍的価値や道理を無視して作られた抽象には、得てして人間の幸せにとって大切な事柄が"捨象"されているのである。"抽象を作る"行為は、人間の幸福のために行う行為のはずであり、人間の幸せを損なうものであってはならないのは当然である。

　著者は、抽象による創造は本来的にはどのような分野であれ、基本的には自然科学者が真理の発見で行ったと同じようにあるべきだ、と考えるのである。

　人間社会に関する政治や法律などは、神の意志を発見しようとつとめ、普遍的な価値概念や道理に沿った法律を立てるとか、万人が納得する"道理"を発見するのが立法者の務めであろう。すなわち発見的にロー（law）を作るという態度が望ましい。議会が決議すれば何でも法

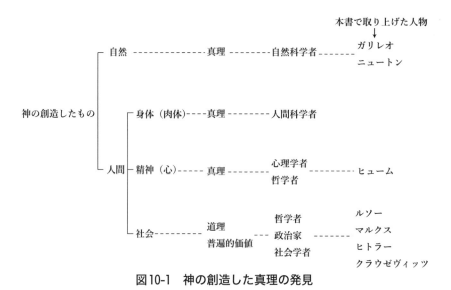

図10-1　神の創造した真理の発見

律になってしまう立法すなわちレジスレーション（legislation）は、スターリンやヒトラーによって悪用されたのだ。

　以上を図10-1にまとめた。

◆ 参考文献
［１］三宅雄二郎（雪嶺）『宇宙』政教社、1909。
［２］渡部昇一『アングロ・サクソン文明落穂集①』広瀬書院、2012。
［３］岡崎久彦『繁栄と衰退と』文藝春秋、1991。

第11章　歴史上の抽象の世界観と具象の世界観

　パート１においては、３次元の図形処理を、それより１次元高い４次元同次空間の処理に置き換えることによって、従来の３次元処理において生じたさまざまな問題点が解消され、格段に優れた処理パラダイムが

得られたことを示した。

　その４次元同次空間において特別な要素である４次元空間部分とはいったい何かを、哲学の観点から考察した結果、それは“抽象”に対応する空間であることがわかった。これに対し、従来の３次元処理空間は“具象”に対応する空間である。

　すなわち比喩的にいうならば、従来の図形処理とは“具象”に対応する空間による処理方式であり、また４次元同次処理とは、“具象”に対応する空間に加えて、“抽象”に対応する空間も用いて処理する方式であると言うことができる。

　４次元同次処理においては、無限遠点の集合の空間である４次元空間部分、すなわち、この“抽象”に対応する空間を含んでいることが、総合として優れた強力な特性を生んでいる要因なのである。

　抽象化のためには、広い視野による大局的な観点からの強力な知の集中を要し、したがって抽象する能力は明らかに人間の知力を表す指標と言える。よって高度な知力を表す空間で処理する４次元同次処理が強力であろうことは直感的にも納得できよう。

　以下には、世界歴史上大きな影響力を及ぼした巨人たちの業績の概略を調べ、彼らの“抽象”の世界観を、“発見された抽象の世界観”、“作られた抽象の世界観”、“発見的に得られた抽象の世界観”の三つに分類して示す。

11.1　発見された抽象の世界観
11.1.1　ガリレオの科学

　ガリレオ・ガリレイ（Galileo Galilei、ユリウス暦1564.2.15－グレゴリオ暦1642.1.8）は、イタリアの物理学者、天文学者、哲学者（図11-1）。イタリアでは特に偉大な人物を姓ではなく名で呼ぶ習慣があるので、彼は名で通称される。

　ガリレオは、物体の運動の研究をするときに実験結果を数的・数学的

図11-1　ガリレオ・ガリレイ
（1636年の肖像画）

に記述し分析するという手法を採用した。このことは現代の自然科学の
領域で高く評価されている。彼以前にはこのように物体の運動を数的・
数学的に研究する手法はヨーロッパにはなかったと考えられている。

　さらにガリレオは、天文の問題や物理の問題について考えるときに、
アリストテレスの説や教会が支持する説など、既存の理論体系や多数派
が信じている説に盲目的に従うのではなく、自分自身で実験を行って
実際に起こる現象を自分の眼で確かめるという方法をとった。このこ
とにより彼は、イギリスの哲学者、科学者であるロジャー・ベーコン
（Roger Bacon, 1214–94）とともに現代では「科学の父」と呼ばれ、また
ガリレオは「天文学の父」とも称される。

□ 真理の探究における捨象と抽象
　自然科学とは、自然界に存在する真理を探究する学問である。
"抽象の世界"に存在する、ある科学上の真理は、普通われわれの存在
する"具象の世界"において、われわれが認識できる現象として現れる
場合も多い。

149

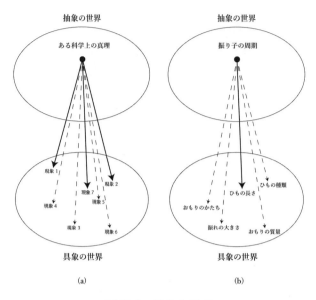

図11-2　抽象と捨象

　科学者は、具象の世界に現れている多数の現象の中から、真理とは無関係な現象は除外（捨象）し、真理に結びつく本質的な現象を抽象するということを繰り返し、最終的に抽象の世界に存在する、求める真理に辿りつこうとする（図11-2(a)）。

□ 振り子の等時性の発見

　ここでは一つの考えやすい例として、ガリレオの行った振り子に関する研究を取り上げる。

　振り子の動きには決まりがある。ひもの長さを短くすると、振り子の動きは速くなり、長くすると、遅くなる。長さを決めた場合、振れの大きさの大小にかかわらず、往復する時間すなわち周期は一定である。この場合、最終的に抽象化された結果（真理）は次式で表される。

$$T = 2\pi\sqrt{l/g}$$

　ここに、T は周期、l はひもの長さ、g は重力の加速度である。

　ガリレオは1583年のある日の夕方、ピサの大聖堂に入り、中は薄暗く、あかりが灯されたばかりのランプが大きく振れているのを見た。何気なく、ランプの動きを見ていたガリレオは、大きく振れても小さく振れても、ランプが往復する時間は変わらないようだと感じた。手首の脈を取り、時間を計ってみると、やはり脈の数はほぼ同じだったのである。「振り子の往復する時間は、振れの大きさとは関係ない。おもりの重さにも、かたちにも、ひもの種類にも関係しない」(図11-2(b))

　ガリレオが振り子の等時性を発見したのは、この時だと言われている[1]。

　自然科学の場合は、捨象と抽象という行為が本質的に重要であり、真理に到達できればその目的は達成されたことになる。真理に到達できたということは、彼の"捨象"の行為は正しかったということになる。

　自然科学は、進歩、発展すれば、それだけ自然の真理がより詳細に明らかにされたことになり、大変結構なことである。

11.1.2　ニュートンの科学

　サー・アイザック・ニュートン (Sir Isaac Newton, 1642.12.25–1727.3.20、グレゴリオ暦1643.1.4–1727.3.31) は、イングランドの自然哲学者、数学者、物理学者、天文学者、神学者 (図11-3)。

　ガリレオの場合と同様に、ニュートンの自然科学における成果はまさに金字塔である。もちろん研究の過程では数々の"捨象"との格闘があったはずであるが、その最終目的の真理の発見に成功した以上、彼は"捨象"に成功したのであって、この点では何ら問題は存在しないのである。

□ ペスト禍の休暇中になされたニュートンの三大業績[2]

　ニュートンがケンブリッジ大学で学位を取得したころ、ロンドンではペストが大流行しており、この影響でケンブリッジ大学も閉鎖されることになり、1665年 (23歳) から1666年 (24歳) にかけて2度、ニュー

図11-3　ニュートン。エノク・
シーマンによる肖像画
（1724）からの彩色版画

トンはカレッジで彼がしなければならなかった雑事から解放され、故郷
のウールスソープへと戻り、カレッジですでに得ていた着想について自
由に思考する時間を得た。また1664年、つまりペストで疎開する前に
奨学生の試験に合格して奨学金を得ていたことも、故郷で落ち着いて
じっくりと思索するのに役立った。こうしてニュートンは故郷での休暇
中に、「微分積分学」や、プリズムでの分光の実験、万有引力の着想な
どに没頭することができたのである。「ニュートンの三大業績」とされ
るものは、いずれもこのペスト禍を逃れて故郷の田舎に戻っていた18
カ月間の休暇中になしとげたのであり、すべて25歳ごろまでになされ
た。この期間のことは「驚異の諸年」とも、「創造的休暇」とも呼ばれ
る。

◻ **重大発見の発表をなぜ極度に嫌ったか？**

　彼の自然科学関係の中の研究としては、一般に広く知られている万有
引力の研究とか、ニュートン力学などが含まれる。ニュートン力学は、

物体を「重心に全質量が集中し大きさをもたない質点」とみなし、その質点の運動に関する性質を三つに法則化したもので、これは理論物理学が問題とする特殊な場合を除き、広く一般的に成立する、きわめて重要な力学の一般基本理論なのである。

　自然科学上の発見は、いわば神の成した抽象の発見ともみなされるもので、それは人間のなす最高に素晴らしい事柄のはずである。そしてニュートンもそのように素晴らしいことをしたと思い喜んでいたであろうか。どうもそうではないらしいのである。ニュートンは、自分の科学的・数学的発見の発表を極度に嫌ったのである。

　ところでハレー（Edmond Halley, 1656–1742）は彗星の軌道について関心を持っていたが、彼にはその運動に関する疑問が解けなかった。そこで1684年、28歳の時ケンブリッジ大学にニュートンを訪ねるのである[3]。

　ニュートンは自分の発見を人に伝えることを好まなかった。しかしハレーはケンブリッジ滞在中にとうとう、ニュートンの頭脳の門を開くことに成功し、その中を覗き見し、豊富な科学上の知見を知ることができた。ハレーはその中で、ニュートンが自分の疑問を解決する証明法を知っていたことを見出したのである。

　ハレーはニュートンの発見の重大さを認識し、時をおかずそのことをRoyal Society に報告した。と同時にニュートンにその著書の出版をねばり強く勧めた。

　1687年の夏頃、500ページ余りの初版が出版されることとなった。『自然哲学の数学的諸原理』と題する著書は、古典力学の基礎を築いた画期的なもので、近代科学における最も重要な著作の一つとなった。ここでニュートンは物体の運動の法則を数学的に論じ、天体の運動や万有引力を扱っている。この著書は"Principia"という略称でもよく知られている。

　出版はハレーが経済的に自腹を切ることにより印刷可能となったのである。

完成はニュートン45歳、ハレー31歳の時である。初版には次の有名なラテン語の文句が印刷されジェイムズ2世に献じられた。

　Nec fas est propius mortali attingere Divos.
　（これ以上神々に近づくことは、人間にとってありうべからざることである）

　この語句で、"神々" としたのは単数の神は畏れ多いからで、そうするのが当時の通例であった。
　献辞の文言を味読するとき著者には、ニュートンが、著書の内容が神の領域に踏み込んでいることを畏れ、恐縮している様が読み取れるのである。
　ニュートンが生存した頃は、宗教戦争（＝30年戦争。1618－48）が終わり、理性に目覚めた啓蒙の時代にはいり既に50年が経過し、啓蒙の精神は成熟しつつあった。啓蒙時代のヨーロッパに栄えた宗教思想は理神論である。
　理神論とは、神は人間世界を超越する天地創造主であり、創造後の世界は、あたかもねじを巻かれた時計のごとく、神によって定められた自然法則に従い、その働きが継続される。天地創造後の世界の展開には、もはや神は干渉しないとし、超自然的な啓示、特に奇跡などを排す、という理性的な考え方が含まれている。
　このように啓蒙、理性の時代の宗教観においても、天地創造は神の領域のこととして、神聖で不可侵であると考えられていたのである。
　ニュートンの万有引力や力学の法則は、科学上の重要性において、ガリレオの振り子の比ではなく、天体の運行など天地創造原理の根幹に関わる超重要な真理である。
　神にしかできないと思われていた神秘なことを、人間であるニュートンが、神の行ったと同じ抽象の手続きにより、神と同じ結果に到達したことは、神の神秘性をその分、低めることにも繋がり、理神論にも抵触する恐ろしいことだとニュートンには思えたのではないだろうか。

ニュートンは、きわめて信仰心の厚い人間であったのである。

　神の御業(みわざ)の神聖さは、その神秘性のゆえにあるとも考えられよう。その神秘のヴェールが、数学・科学上の発見で剝がされてゆくとしたら。彼の心の葛藤は献辞にも集約されて表れていると感じられる。

　しかし今回は、既にハレーがニュートンの大発見を Royal Society に報告してしまっていたのである。ニュートンは著書の執筆を、神により秩序立てられた世界観を示すという神学的な動機によるものと自分を納得させたのではあるまいか。

　一旦執筆の決断をした後のニュートンのこの書物への情熱、精進は凄まじいもので、18カ月に及ぶ執筆期間中は食事も忘れるほどの極度の集中ぶりだったという。

□ **もう一つの見方**

　オカルト的風潮は、ニュートンが生きた17世紀末から18世紀初め頃のイギリス社会の一面であった。

　1675年、最初の近代的天文台が建築家クリストファー・レンによって、ロンドン郊外のグリニッジに建てられた。この頃に、イギリスで経度0度の地点が決められた。初代の勅任天文台長に任ぜられたのがジョン・フラムステード（John Flamsteed, 1646.8.19–グレゴリオ暦 1719.1.12〈ユリウス暦 1718.12.31〉）であり、少年の頃から超自然的な存在に対する信仰を持ち続け、占星術に凝っていた。

　もちろんフラムステードは単なる占星術師ではない。彼は独学で天文学を修めて、当代第一の天文学者になった。彼が始めた分点測定法は近代天文学の出発点と言われているものであって、自然科学者としての彼の位置は不動である。

　彼は天文台ができることになったとき、その礎石を置くのに最も適当な日時を、占星術によって決めたのである。グリニッジ天文台の礎石が占星術によって測定されて置かれたとは皮肉なことではある。

　占星術を信じている男がどうして天文学に打ち込めたのかについて、渡部昇一氏は以下のように述べている。

私はこれは「予言」に対する関心のためだったと思う。彼の友人の伝えるところによれば、フラムステードが予言者のまねをした時、予期しないほどの大成功で、みんなびっくりしたという。天文学は日蝕などを予言する。占星術は人の運命とか戦争とか飢饉とかを予言する。つまりそれをやっている人の要求は同質なのである。

　ニュートンが聖書の研究に向けたエネルギーは、自然科学のそれに向けたものよりはるかに大きいというのもこれと同じことであろう。ニュートンは宇宙の真理を知るための一つの手段として数学を利用した。しかしそれはあくまでも「一つの手段」であったのであって、別の手段もあることを否定するものではなかった。聖書の黙示録を省察することは数学にも劣らぬ重要な方法であった。いな、ニュートンはその方がもっと重要と考えていたらしいのである。

　つまりニュートンやフラムステードの頭の中では、科学もオカルトも同列に置きうる研究対象だったのであろう。それどころか、科学をオカルトの一形態と考えていたらしいふしがある。

　なぜニュートンが自分の科学的・数学的発見を発表するのを極度にきらったのか。なぜフラムステードは、自分の発見の発表惜しみをしてニュートンとあんなに争ったのか。それはいずれも秘儀と考えられていたからに違いない。[[4]115ページ]

　渡部氏は、ニュートンが自分の科学的・数学的発見の発表を極度にきらったのはなぜかについて、「予言」と関連付けて説明しておられる。

□ 最後の魔術師 [6]

　ニュートンは、現在ではオカルト研究に分類される分野の著作も数多く著しており、錬金術・聖書解釈（特に黙示録）・年代学についても熱心に研究し、自然科学関係は全著作のうちで16％ほどでしかなかったのである。

　その自然科学関係を除く残りの研究は、全研究の84％も占め、多く

のオカルトに分類されるものが含まれているという。

　オカルトとは簡単に言えば淫祠邪教の類ということになろう。天文学は科学で、占星術はオカルトである。「ふさぎの虫がついた」と言って祈禱師のお祓いを受けるのはオカルトであり、「うつ病だ」と言って精神病院や心理学者のところに行くのは科学だ。

　ニュートンは自身を、聖書の記述を解釈する使命のため神に選ばれた人々のひとりだと考えていた。彼は、現代人が言うところの"科学的"研究の成果よりも、むしろ古代の神秘的な英知の再発見のほうが重要だと考えていたようである。黙示録は聖書の中でも最もオカルト的であるが、ニュートンは、それについて論文を書き、それを自分の最も重要な業績と考えていたのである。

　従来の科学史は、「近代科学はガリレオやニュートンから始まった。……」と説くが、1942年にニュートンの錬金術研究書を購入し、それを検討した世界的経済学者ケインズは、

　　　ニュートンは最初の近代科学者というよりは最後の魔術師

とまで述べ、従来からの科学史の常識に対し根本からの異議を提起した。

□ 精神病理学から見たニュートン

　天才ニュートンの特異な知的活動について、クレッチュマーの比喩を用いて見事に表現したものがある。

　　　一般に分裂病質の人間はファッサード（正面）を眺めただけではそのうしろに何があるかを察することはできない。われわれはここで、分裂病質者の世界についてのクレッチュマーの有名な比喩を想起する。"分裂病質の人間の多くは、木蔭の少ないローマの家々や別荘が、ぎらぎらする陽差しに鎧戸を下ろしてしまったようなものだ。そのおぼろな部屋の薄あかりの中では祭りが祝われているかも

しれないのだ”。

　ニュートンは、錬金術や神学に関する研究を公刊する意図を全く
もたなかった。彼にとっては、物理学はファッサードにあたり、錬
金術などの研究はクレッチュマーのいう内面の祝祭に相当するもの
でなかろうか。……彼は全宇宙の謎を、神が世界のあちこちに置い
た手がかりをもとに読みとることができると考え、その手がかりを
天空や元素の構造や聖書の中に求めたのであった。このようにつく
りあげられた彼の全世界と現実との接点が彼の物理学であり、彼の
内面の祝祭は、物理学という窓口によってのみ現実的世界に開かれ
ていたのである。[[5] 14～15ページ}

　これは天才ニュートンを分裂病質の人間に喩えて解説したきわめて説
得力のある文章となっている。
　確かにローマや南仏などには、外から見るとなんの変哲もないよう
な、不毛な感じさえ受ける外観をしているが、一度、中に入ると、中庭
には樹が茂り、池があり、楽しい宴ができそうに想像される片仮名の
「ロ」の字型の家がある。
　著者が宿泊した南仏アビニョンのホテルは、元の修道院を改造したも
のでまさにこのタイプだった。
　分裂病質の患者は、外から見れば現実社会から切り離された痴呆の人
のようにも見えよう。しかし、それはファッサード（外見）だけに過ぎ
ず、その患者の頭の中には、いろいろな思考や感情がにぎやかに湧き出
て、面白いお祭り騒ぎをやっているかもしれないというのである。

11.2　作られた抽象の世界観
11.2.1　ルソーの思想と哲学
　ジャン＝ジャック・ルソー（Jean-Jacques Rousseau, 1712.6.28–1778.7.2）
は、フランス語圏ジュネーブ共和国に生まれ、主にフランスで活躍した
哲学者、政治哲学者、作曲家（図11-4）。

図11-4　ルソーの肖像

　政治・社会・教育理論に関するルソーの三部作『人間不平等起源論』、『社会契約論』、『エミール』は、18世紀において、最も強い影響力を世の中に与えたとされている。

　三部作において彼は、人間が長い歴史において、国や時代が変わっても誰もが疑いなく価値を置いている私有財産、家族、教会、国家などを、従来の価値観から人々を解放するとして、それらのすべてを否定し、悪の根源とみなすという大胆な主張をしたのである。それまでに善としたもののすべてを否定することにより彼の主張は光り輝いて見えるがごとくに、かつ深い哲学であるかのように受け取られ、後世に対する影響は甚大であった。

　当時のフランスにおいて、彼の提起した社会契約説は多くの知識人に衝撃を与え、それに共感した国民は社会体制に不満を鬱積させ、ついにルソーの死後11年、フランス革命を起こしたのであった。

　少し時代が降って、マルクスは明らかにルソーの影響を強く受け、共産主義を提唱し、レーニンが共産革命を実行した。

　ヒトラーもルソー、マルクスの流れの亜流とみなせる。

　人類はその後、彼らのイデオロギーのために実に多くの犠牲を被り、また現代でもルソー的な思想は生き残ってはいるが、徐々にそれが健全

な人間社会において本質的に重要なものを"捨象"していることに気付きつつあるのではないだろうか。

　なぜルソーはそのような発想をするに至ったのであろうか。

▫ 頭の中だけで考えられた思想ではないか？

　彼は少年時代、青年時代の長期にわたって、大変に不幸な逆境の生活、放浪の生活を強いられ、例えば、家族という問題に関しても、彼の経験として本当の家族のよさというものを実感する体験に恵まれず、家族に対する憎しみだけが彼の中に増長していったと推察される。彼は5人の子ども全部を孤児院の前に捨てている。彼にとって家族とは嫌悪そのものであったのではなかったか。

　または、自由や民主主義の問題にしても、当時のイギリスにあっては、すでに政治上の自由が相当に実存していたので、自由の問題を具体的に考えることができ、そこから議会政治が成長した。ところが、ルソーのいたフランスにおいては、政治的な自由が存在していなかったと考えられる。

　したがってルソーにあっては、家族の問題も、自由や民主主義の問題も、頭の中だけでしか、考えざるを得なかったのではないか。

　ルソーは、太古の原始社会にはよき家族もあったし自由もあったが、文明の進展によってそれらが損なわれ、失われたと考えたのである。そこで、人はかつてのよき原始に帰るのがよいのだと唱え、これまで善とされたものをことごとくひっくり返して、それらはすべて悪の根源であると主張したのである。国家も家族も神聖な"善きもの"ではないとしたのだ。

　ルソーは、人間はその知性を信頼し、それに頼って思いのままに理想的な社会を契約し、作り替えることができると考えたのである（このような人知に対する全くの信頼を構成的主知主義という）。頭の中で自由を考え、空想の民主主義を構想した。

　ルソーの思想に動かされて起きた現実のフランス革命は予想外の事柄が連続して生じ、期待外の結果に終わったことは歴史の示す通りであ

る。

すなわちルソーの思想とは頭の中だけで、作り上げられたものだ。

ところでルソー（1712–78）とまったく同時代を生きたイギリスの哲学者ヒューム（1711–76）はどのように考えていたのか。

彼が、哲学的に人間の認識という基本的能力について、分析の限界まで考え尽くして得た結論とは、人間の理性に対する不信ということ、人間には、革命のような一種の社会契約を行い、それに伴い次から次に起こることなど見通す知力などは備わっていないということであった。彼はこの人間の本性（human nature）に対する認識を、『英国史』という通史を書くことにより、一つ一つの事件にあたってそれを確認したのである。

ヒュームはすでに、ルソー（そしてマルクス）のようないわゆる構成的主知主義を真っ向から否定していたのである。

□ **家族の関係**

それでは、より具体的に「家族」という問題に関してルソーの考えを検討してみよう。

ルソーは著書『エミール』で、次のように親子の絆も否定したのである。

　　　父母の義務をひきうけるわたしは父母の権利のすべてをうけつぐのだ……エミールはわたしだけに服従しなければならない[7]

上文で、"わたし"は教師、"エミール"はわたしの生徒である少年。親子の絆が全否定されているのである。

ルソー的な社会では、子供はすべてヒトラー（ナチス）のもの、レーニン（共産党）のもの、毛沢東のものとして、独占され独裁された。ここにおいては、子に対し親の密告さえ勧めているのである。

ここで思い出すのは、孔子の『論語』における次の一節である。

楚の葉公が自慢顔をして孔子に言った。『私の村に正直者の躬という正義漢がおります。その男の父親が羊を盗んだとき、息子である彼がその証人となって父を告発したほどであります』と。これに対して、孔子はこう答えました。『私の村の正直者はそれと違っています。父親は子どもをかばって隠してやるし、子どもは父親をかばって隠してやります。これは不正直のようにも見えますが、実はこういう行為の中にこそ、本当の正直さがあると思います』と。

（子路第十三）

ルソーの社会の人は、上文中に説かれている孔子のいう正直者の意味を理解できるわけがない。

▫ 民主党の夫婦別姓法案

ところで近年、日本の社会をルソー化しようとしているかに見える動きがあるから注意が必要だ。

2009年9月の民主党政権誕生の直後から、マニフェストにはなかったにもかかわらず、早期成立を意図されたのが夫婦別姓法案であった[8]。

　　働く女性が増えたから、姓が変わると不便。別姓を認めるべきだ。別姓にしたい人だけするのだからいいじゃないか。

というのであった。

日本の民法上の家族とは、結婚して婚姻届を出し、同じ姓を持つ夫婦を核として、子供がいれば子供も加えて一つの戸籍として扱うのが基本である。

民主党案では、子供が生まれるたびに父の姓にするか母の姓にするかを選ぶことができるので、兄弟間で別の姓を名乗ることも認めることになる。"夫婦別姓"どころか"親子別姓"、"兄弟別姓"もあり得る。

夫婦も子供も別の姓では、外から見ると結婚している夫婦なのか、た

だの同棲なのか、子供たちも兄弟なのか他人なのか分からない。しかも別姓導入後は、現在同じ姓を名乗っている夫婦も別姓に移行できる。ある日突然、妻や夫から「別姓にしたい。子供も姓を変える」と言われるかもしれない。

とてもややこしい社会になりそうである。

別姓推進派はその先に"戸籍制度の廃止"を考えているのではないだろうか。

　　　戸籍などがあるから、いつまでも"家"制度がなくならない。

などといって戸籍をなくし、積み上げてきた制度を破壊し、個人登録にすることで家族をバラバラにしようとしている。さらに、

　　　嫡出子と非嫡出子の相続分が違うのは差別だ。

などと言い、また民法772条の「離婚後300日以内に誕生した子は前夫の子」と推定する規定をなくし、DNA検査で父親を割り出すべきだという。

夫婦別姓、親子別姓で、夫婦間の子供もそうでない子も相続に差がないとなれば、一夫一婦制度さえ揺らぐ。戸籍を破壊し、"家"や民法における家族制度、婚姻制度を根底から覆し、**人を個人単位のバラバラな無秩序社会**にさせる政策である。

このような考え方は、ルソーに理論的根拠を置いている。

レーニンは革命初期の頃、未来の共産主義社会においては、家族は消滅するものであるという共産主義思想にもとづき、結婚制度、家族制度をなくす試みをしたが、倫理観の低下、犯罪率の上昇というあまりの混乱のため立ち行かなくなり元に戻している。

"家"の観念が崩れれば、家督相続制度を廃止した段階で皇室制度はぐらつく。

家督という概念があるから、"本家"、"分家"の感覚が分かり、「日本

の本家は皇室である。国民は分家である」という感覚も分かるのである。

　結局、夫婦別姓問題の行き着く先は、皇室解体になりかねない。

　国家や家族や親子の絆さえ否定された社会とは、バラバラの個人、個人、それは国際版ホームレスの社会である。その風景はアフリカの動物たちのごとくである。

　そこに、真の文化や歴史や伝統というものが生まれ、育つというのだろうか。

11.2.2　マルクスの思想と哲学

　カール・マルクス（Karl Marx, 1818.5.5–1883.3.14）は、プロイセン王国（ドイツ）出身の思想家、哲学者、経済学者、革命家である（図11-5）。

▫ **マルクスの思想と哲学の概要** [11], [12]

　彼は、資本主義社会を考察し、そこに存在する問題点として、支配者

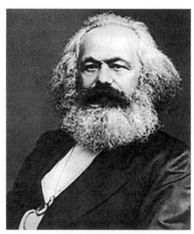

図11-5　1875年8月24日のマル
　　　　クス（57歳）

（資本家）の経済的搾取と、それによる、私有財産制度における社会的不平等性を指摘した。

マルクスは、人間の本質は"労働すること"であると考えた。人間の本質的な喜びとは自発的に労働する喜びであり、そして労働の成果（生産物）を使用者が満足する姿を見る喜びであるとした。ところが資本主義社会では、労働は資本家によって強制され、生産物は資本家によって奪われる。したがって資本主義社会とは人間らしさを奪う社会であるとみなした。この"人間らしさが奪われている"ことをマルクスは"人間疎外"と言った。資本主義は人間らしさを奪う社会であるから倒さなければならないと考えた。

マルクスは、ヘーゲル哲学を基礎とした弁証法哲学と政治経済論を用いて、自分の革命的政治観に行き着いた。

結局のところ、共産主義社会を実現するには、まずはその前段階の国が必要だと考えるようになった。その国では共産主義を信ずる人々、つまり共産党が国家を独占的に運営する。経済はすべて共産党による計画に基づいて行われ（計画経済）、それ以外の国民はみな労働者になる。お金の使い方は制限され、必要な物資は国から配給される。これが社会主義国家である。さらに共産党もなくなり労働者だけの共産主義社会という2段階により、理想的な社会に到達すると考えたのである。

マルクス思想の中心は、史的唯物論である。史的唯物論は、経済システムが観念を規定するという考えと、歴史の発展は経済構造によって基礎づけられているという考えから成る。

前者の考えは、ヘーゲル哲学を唯物論的に解釈し直したもので、後者の考えは、弁証法哲学を歴史理論に応用したものである。

1917年にウラジミール・レーニンはロシアにおいて、最初の段階における革命の実行、すなわち社会主義国家の実現に成功した。

マルクスの思想と哲学は、20世紀以降の国際政治や思想に多大な影響を与えた。

2013年、彼の代表的な著作『共産党宣言』および『資本論』初版第1部が、国際連合教育文化機関（ユネスコ）の世界の記憶に登録され

た。

▫ 変容した共産主義 [13]

マルクス主義の階級的世界観とは、

> 現在の社会というのは、生産手段を占有している資本家ブルジョ
> アと、そうでない労働者プロレタリアに分かれている。国家という
> ものは、ブルジョアの財産を守るために存在しているものである。
> すなわち国家は、その階級分裂を維持するため、一般の貧しい労働
> 者を圧迫するために存在しており、そのために警察というものがあ
> る。だから、ひとたび社会主義革命が起こって生産手段が公有に移
> されれば、階級分裂はなくなるから、その結果として階級圧迫の道
> 具としての国家も消滅する。[14]

というものである。

マルキストの社会主義はもともと、まず国家の消滅を説き、プロレタ
リアの国境を超えた横の連帯を説いた。

ところで、マルキスト社会主義が争ってきた相手があった。ワイマル
共和国でのヒトラー、日本での戦前の右翼、イタリアのムッソリーニな
ど。これらはファシストと呼ばれる。しかし第1次大戦後のヨーロッパ
諸国のうちファシズムとマルキスト社会主義が争ったところでは、ドイ
ツでもイタリアでもスペインでも、必ずファシストが勝っている。

マルキスト、ファシストの共通点は全体主義ということである。全体
（国家と呼ぼうと社会と呼ぼうと）を個人あるいは家庭に対して圧倒的、
絶対的に優位に立たせる思想である。マルキストとファシストは全体主
義という点では同類であり、彼らが戦ってきたのは、両者が対蹠点に
あったからではなくて、むしろ近親憎悪であったのではないか。

ファシストは国家の枠を解消することなく、そこで全体のための社会
改革をやることであって、全体の中での階級の調和を説くけれども、そ
の解消を説かない。

166

　これに対してマルキストの社会主義は、まず国家の消滅を説き、プロレタリアの国境を超えた横の連帯を説く。なぜファシストがマルキストをあのように憎んだか、と言えば、それは国家を否定し、それを解体することを第一の目的としていたからである。

　ところが昭和17、8（1942、3）年頃、すなわちソ連がヒトラーの攻撃を受けたスターリングラードの戦いの後に、ソ連はコミンテルンを解散した。そして国家の生存を第一義的に考えた社会主義国家、つまり一種のナチス国家に変貌した。ソ連が国際的なプロレタリア独裁による国家解消よりも、ソ連の生存圏にはるかに大きな関心を向けていることは、北方領土問題一つ考えてみてもわかる。

　北京政府のマルクス主義社会主義も、急速に国家社会主義になっている。そしてプロレタリア独裁よりも、強い国家の建設に重点を移してしまった。国家の利益を最優先にする社会主義国家にますます完全に仕上がるであろう。

　日本の場合はどうか。

　戦後間もない頃、火炎瓶闘争や電源爆破をやってまで革命を実現しようとしていた共産党はまだ、マルキスト型だった。

　しかし反代々木系ができてから代々木系は国家社会主義に変貌した。モスクワや北京の指令通りになることを拒否した姿は、その現れである。だから近頃の代々木は、公務員（労働者）によく国民に奉仕せよと教え、教員（労働者）にもストライキはよくないと教え、更に〝救国〟という言葉さえ使う。〝国〟が出てくる社会主義は国家社会主義である。

　結局のところ、社会主義は国家主義であるということになった。

　ソルジェニーツィンの推定では、マルキスト社会主義は革命後の内乱、飢餓、テロで6600万人もの死者を出したそうである。中国大陸では1000万人以上の同胞殺戮があった[13]。

　ヒトラーのユダヤ人大虐殺でもスターリンのそれより1桁数字が少ない。

それでは、マルクスの共産主義社会の実態とはどんなものであろうか。

□ 共産主義社会の実態 [15]

以下に示すのは、チェコスロバキア共産党中央委員会党幹部学校教授オタ・シクが1976年に出版した書物の文章である。彼は東欧共産国の理論も実際も、裏も表も知り尽くしている人である。

> 庶民は工場、生産、計画、中央統制、国家に対して全面的に無関心になる。この疎外現象の最も特異な現象は実に無数の窃盗である……勤労者のよくやる方法は不正労働である。日中は自分の力をできるだけセーヴして、夜になると手伝いなどをして収入をふやす……庶民は体制に対して無関心となり、自己の生活は体制を脱けだしたところに始まる。週のうち5日は遅れず、休まず、働かない。ただ残りの週の2日に生命を燃焼させる {[15] 103～104ページ}

> 不足がちの製品は特殊の階級のものに配給され、闇市場が発生し（最も物資の調達に不自由しないのは高級幹部党員と、おもしろいことに流通業務に携わる幹部党員である）、もぐり作業用として生産事業所や流通事業所から原材料を盗むことが一般的となる {[15] 126ページ}

> しかし最も根本的な矛盾は、結局、政治的発言権のまったくない、権力を持たない大衆と、全政治権力を独占する党幹部と高級官僚のごくわずかの上層部の人たちとのあいだにある対照である {[15] 208ページ}

要するに共産革命によってなくなったはずのもの、つまり"捨象"したはずのものが、すべて厳存していることである。厳存しているどころか、悪質になっているのである。新しい階級はできたし、弾圧もある

し、個人の所有欲も少しもなくならない。

　こうした現代の狂気からのがれるためには、人間が長年かけて作り上げ、多くの人にとって重要だと認識されてきた事柄は安易に"捨象"してしまわないことである。国家は大切なものであるし、個人には所有欲とプライヴァシーへの欲求があり、社会には何らかの階級があるものと認めた上で議論をすすめた方が、実際にはよい結果を生むであろう。

11.2.3　ヒトラーの思想と哲学

□ 概略

　アドルフ・ヒトラー（Adolf Hitler, 1889.4.20–1945.4.30）は、ドイツの政治家（図11-6）。ドイツ国首相、および国家元首（総統）であり、国家と一体である国家社会主義ドイツ労働者党（ナチス）の指導者。

　彼の冒険的な外交政策と人種主義に基づく政策は、全世界を第2次世界大戦へ導き、ユダヤ人などに対する組織的な大虐殺「ホロコースト」を引き起こした。

　敗戦を目前に1945年4月30日、自ら命を絶った。

□ オーストリア時代のヒトラー[16]

　6歳の時、ドイツ帝国バイエルン王国のパッサウ市からオーストリアに転居し、24歳までをずっとオーストリアで過ごす。ヒトラーは各地の小学校を転々としたが1899年、義務教育を終え、小学校の卒業資格は得た。

　しかし希望しなかった実科中等学校への入学を父親から強制され、それに抵抗しサボタージュを繰り返し、1年生の時、試験に不合格となり、留年。1902年には2年生に進級したが、再試験を受けて辛うじて3年生に進級した。1903年にはフランス語の試験に不合格となって2度目の留年処分を受け、扱いかねた学校は4年生への進級を認める代わりに退学を命じた。

　退学後、近郊の実科中等学校の4年生に復学。ここでも試験や授業を受けなくなり、1905年には2度目の学校も退校する。

図11-6　アドルフ・ヒトラー[16]
（1938年）

　1907年9月、18歳になったヒトラーはウィーン美術アカデミーを受験したが、頭部デッサンの未提出など、審査用の作品に不足があると判断され不合格。1908年末、アカデミーを再受験したが、実技試験にすら受からなかった。

　この頃、図書館から多くの本を借りて、歴史・科学などに関して豊富な、しかし偏った知識を得ていった。その中にはアルテュール・ド・ゴビノーやヒューストン・チェンバレンらが提起した人種理論や反ユダヤ主義なども含まれていた。キリスト教社会党を指導していたカール・ルエーガーや汎ゲルマン主義に基づく民族主義政治運動を率いていたゲオルク・フォン・シェーネラーなどにも影響を受け、彼らが唱えていた民族主義・社会思想・反ユダヤ主義も後のヒトラーの政治思想に影響を与えたといわれる。この時代にヒトラーの思想が固まっていったと思われているが、仮にそうだとしても、ヒトラーは少なくとも青年時代には政治思想に熱意を注いではいなかった。

□ドイツに移住、上等兵から総統へ [16], [17]

　1913年5月、24歳になったヒトラーはドイツ南部のミュンヘンに移住した。ヒトラーは故郷リンツにおいて徴兵検査を受けなかったための兵役忌避罪と、その事実を隠して国外に逃亡するという二つの罪を犯した立場となった。彼は1914年1月ミュンヘン警察に逮捕され、オーストリア領事館に連行された。しかし領事館員のすすめで書いた弁明書により、この難を逃れ、罪も免除された。

　第1次大戦が始まると、同年8月、彼はバイエルン陸軍に義勇兵として入隊した。

　ヒトラー入隊後4年にしてドイツは第1次大戦に敗北、ベルリンに革命が起こりワイマル共和国となり、史上最大の民主的な憲法とされるワイマル憲法を制定した。一方連合国の一員である特にフランスは、取り立て得る限りの高額な賠償をヴェルサイユ条約によりドイツに課そうとしていた。

　ドイツの中で、バイエルンは最も保守的な地域であったが、その右傾に最も貢献したのがここに駐屯した軍隊であった。軍隊は将校兵士のなかから右翼思想の闘士を養成し、一般市民に対する「啓蒙運動」を展開した。その宣伝活動に従事した一人に上等兵アドルフ・ヒトラーがいたのである。

　彼は「啓蒙運動」のあいだにその才能を認められ、当時ミュンヘンにあった右翼団体の一つ「ドイツ労働者党」に入党したが、雄弁によってたちまちその指導者となった。

　ヒトラーはミュンヘンの、あるビアホールで300人の人間を集めて演説を行い、ヴェルサイユ条約反対、ユダヤ人反対、民主共和政反対の熱弁をふるって大喝采を博したのである。しかしこの頃は「ドイツ労働者党」は群小政党の一つで、ヒトラーもまだ無名の一兵士にすぎなかった。

　徐々にヒトラーはミュンヘンの多くの右翼分子のなかにあって次第に頭角を顕してきた。1920年3月、「ドイツ労働者党」は「国家社会主義ドイツ労働者党」と名前を改め（のちにナチスと呼ばれる）、ヒトラー

は軍籍を脱し政治運動に専念することになった。

　その後、ナチスは順調に勢力を伸ばし、この年の夏にはヒトラーはすでにミュンヘンで知名人物となっていた。しばしば催されたナチスの集会には、ヒトラーの演説を聴くために数千人の人間が集まった。

　彼の運動は熱心な党員や支持者からの拠金によって賄われ、ナチスはあくまでも大衆運動として発展した。これはナチスの掲げた政綱が生活の不安に悩む下層中産階級、青年層にアピールするものを持っていたことを意味する。その政綱には、戦争やインフレによって儲けた投機業者の財産没収や大企業の国営のような社会主義的要求が掲げられ、その実現のためにはユダヤ人の追放とヴェルサイユ条約の破棄が不可欠であることが熱烈に主張されていた。そしてその基礎にあったのはドイツ民族の優秀性に対する独断的、狂信的信仰である。ヒトラーは教祖的性格によって多くの人々を魅了し、ミュンヘンの地方実業家や上流夫人のなかには進んで多額の献金を行うものもあった。このようにして1921年の夏にはヒトラーはナチス党の独裁的な党首となり、党の行動組織としての突撃隊もでき上がった。この突撃隊は、ほとんど国防軍の別動隊のような観を呈するにいたる。

　1923年11月8日夜、ミュンヘンの大ビアホール、ビュルガーブロイケラーにおいて、バイエルンの名士の集まる集会が催された。その席へ武装突撃隊員を率いたヒトラーが闖入し、ピストルを天井に向けて発射したのち、ヒトラーがドイツの臨時政府指導者に就任するという国民革命の宣言を発したのである。しかしこの一揆は鎮圧され、ヒトラーは逮捕された。

　1924年、ヒトラーのミュンヘン一揆に関する政治裁判が行われた。ヒトラーは雄弁と巧妙な戦術によって、この裁判を彼の運動の宣伝の絶好の舞台に転化させることに成功した。彼はここで弁解的な言辞は少しも弄せず、彼の一揆の目的がドイツを解放することであったと熱弁を振るった。これは大きく新聞に報ぜられて彼の人気を高めた。

　彼は叛逆罪としてはきわめて軽い5年の刑、しかも6カ月以降には保釈を許されるという判決を受けたに止まった。

　この頃になると、ヒトラーはミュンヘン裁判で名を売ったこともあり、一躍、右翼の大物フーゲンベルクと肩を並べる地位を確立した。

　1930年9月14日国会議員選挙の投票が行われた。この選挙で、社会民主党はなお第1党の地位を保ったが、10名を減じて143名になった。これに対し、12から107議席を獲得して第2党に躍進したのがナチスであった。今や右翼勢力の指導権は完全にヒトラーの手に握られたのである。

　ナチスのこの躍進の基礎は、ヒトラーが始めていた新戦術にあった。彼が1924年監獄を出てからの数年間は雌伏時代であった。この間、彼は運動方針に重要な変更を加えた。彼は、一揆的な手段が無効であることを知り、もっぱら合法的な方法による政権の獲得を決めたのである。しかもそのために必要な二つの手段を彼は見誤らなかった。それは第一に資本家を味方にすること、第二は決して国防軍を敵にまわしてはならぬということであった。

　ナチス党は元来、社会主義を標榜し、資本主義を攻撃することによって、インフレーションに苦しめられていた下層中産階級の人々を惹きつけてきたのである。しかしヒトラーは彼の運動の成功のためには資本家からの資金援助が必要であると考えた。

　ヒトラーの新戦術はたしかに有効であった。しかしもしも1929年以降の世界恐慌による経済悪化がなかったら、ナチスがこれほど急激に党勢を拡張することはできなかったであろう。恐慌により、国民生活の安定は一挙に破れて、人々は生活不安にあえぎ、現状への不満と危機意識がたちまちにして全国民を襲ったのである。

　このような状態が左右の過激勢力を利するものであることはいうまでもない。

　資本主義の終末を宣告する共産党の叫びが多くの人をとらえ、勢力伸長はいちじるしいものがあった。しかしここではナチスの方が共産党よりも一層有利であった。罪を抽象的な資本主義に帰するよりは、目に見える賠償やヴェルサイユ条約にその原因を求める方がはるかに理解しやすいからである。そして賠償に関するヤング案という絶好の攻撃目標を

得たことはナチスにとって最大の幸運であった。

　国防軍のなかにさえ、惨憺たる経済恐慌の実情に心を動かされて、ナチスに共感を寄せる者の数が急速に増えてきたのである。

　また共産主義の進出によって自己の地位への危険を感じた大工業家たちは、ますますナチスをもってこの危険を防ぐための最も有力な道具と見なすようになった。ヒトラーも有力な産業界の巨頭たちを手なずけることに精力を集中する決意をしたが、この効果はきわめて大きかった。

　ところで1932年には大統領の任期切れが迫っていた。

　4月10日の2次投票でヒンデンブルクの再選は確定したものの、2位となったヒトラーの影響力拡大は誰の眼にも明らかとなった。

　ヒトラーに対するラインラント、ルール地方の重工業家たちの支持が決定的となったのもこの選挙戦の間からであった。この年1月末、かねてからヒトラーへの資金援助者であったティッセンの斡旋によって、彼はデュッセルドルフの工業クラブで多数の工業家を前に一場の講演を行ったが、そこで彼が共産党のみならず、社会民主党や労働組合を徹底的に攻撃し、ナチスの政権獲得後の再軍備を約束したことは、工業家たちに多大の感銘を与えた。以後、ヒトラーの資金はきわめて豊富となり、選挙に際して彼はヒンデンブルク側よりもはるかに潤沢な金を擁していたといわれる。

　ヒンデンブルク大統領はパーペンの首相再任を望んだが、ヒトラー首相以外ではナチスの支持を得られないと悟ったパーペンは拒否し、自ら副首相になるとして渋る大統領を説得した。

　遂に1933年1月30日、ヒトラーが首相に就任し、ヒトラー内閣が成立したのである。

　ナチスはこの政権掌握を「国家社会主義革命」と定義した。同年3月、ヒトラーは全権委任法を制定し、憲法に違背する法律を制定する権限を含む強大な立法権を掌握した。これにより、ワイマル憲法は事実上その効力を失った。さらに、1934年8月2日にヒンデンブルク大統領が死去して間もなく、ヒトラーは大統領と首相の権能を統合して「指導者兼首相（総統）」となり、8月19日には民族投票を実施してこの措置

を国民に承認させた。

何がヒトラーを総統に導いたのか

　第1次大戦に敗れてから（1918年11月11日）およそ半年後、ドイツでは基本的人権の尊重が定められた憲法、すなわち法制史における人権概念の萌芽とされるワイマル憲法が制定された。そのような民主的な憲法を持つ共和国ドイツにおいて、どうして横暴極まるヒトラーが出現し、国家元首となったのか。

　ワイマル共和国失敗の原因としては、大恐慌による社会の不安定化、ドイツの経済規模を度外視し天文学的多額の賠償を定めたヴェルサイユ条約への強い反発があったことは確かであるが、そのほかに、ドイツ人の政治観や民主主義への不信が挙げられるだろう。

　ナショナリズムの研究を行っている哲学者・歴史家のハンス・コーン（Hans Kohn, 1891–1971）は、「ほとんどのドイツ国民、特に右派の論客はワイマル共和政を臨時の存在であるとみなし、実際にそれを国家と称することを拒否していた。彼らにとって国家という言葉は“誇り”であり、“権力”であり、“権威”を意味する。しかしワイマル憲法はこのドイツ精神にそぐわない。」として、ドイツ国民がワイマル共和政を正当な国家でないと考えていたと指摘し、「ドイツ人は共和政体を単なる組織、しかも西欧の腐敗した組織にすぎないと軽侮していた。民主主義はドイツ精神に適応しない西欧からの輸入品であったと見なしていた」と述べ、ドイツ人が民主主義という概念そのものを嫌悪していたとしている[16]。エルンスト・ユンガーやオスヴァルト・シュペングラーらも同様に考えていた。

“権力”と“権威”をあわせ持つ統一ドイツ帝国の皇帝の姿を“誇り”に思うドイツ人が眼に浮かぶようだ。

　これはドイツ人の持つ“抽象の世界観”を典型的に表しているとみなせよう（“10.1　抽象の世界観”参照）。

　窮地のどん底に陥れられたドイツ人は、“権力”と“権威”をヒトラーに期待し、かつてのドイツ人としての“誇り”の再現を願望したの

ではないだろうか。

11.3　発見的に得られた抽象の世界観

11.3.1　ヒュームの思想と哲学 [18], [19]

デイヴィッド・ヒューム（David Hume, 1711.4.26–1776.8.25）は、イギリス・スコットランド・エディンバラ出身の哲学者、歴史学者、政治哲学者である。生涯独身を通した（図11-7）。

イギリス経験論哲学の完成者で、大著『人間本性論（*Treatise of Human nature*)』を著し、カントを「独断の夢から揺り起こした」認識論を展開した。ここにおいて彼は哲学的思考が分析できるギリギリのところまでの極北を示した。

また彼は『英国史（*The History of England*)』（全6巻、1754－62年に刊行）も著し、これはベストセラーとなり、その後の15年間に多数の版を重ねた。

ヒュームは、人間の歴史は常に不確実性の時代であることを、理論的にも、また著書『英国史』において実際的にも示している。

図11-7　デイヴィッド・ヒュームの肖像

　なおヒュームには、他者からの多くの批判が存在する。しかしこれら
は彼が晩年に書いた『自伝』において、若い頃の野心と金銭の問題につ
いて、しばしば、率直に触れていることに起因した誤解や嫉視にもとづ
くものであるとみなせる（"第A1章　ヒュームの思想と哲学に対する批
判は信用できるか？"参照）。

　以下は、渡部昇一氏[19] より、抜粋、引用させていただく。

▫ 出自と幼少年期

　ヒュームは18世紀の初頭、グレートブリテン王国のスコットランド
エディンバラ近郊の別荘で、ジョーセフ・ヒュームとキャサリンの次男
として生まれた。兄のジョンと姉がいる。彼が2歳の時、父は死亡し
た。

　ヒュームは少年時代より古代ローマ人の書物に親しみ、特にセネカは
愛読書の一つであった。

　彼は学校の成績がよく、家柄は伯爵家の支流の小領主で、母方の祖父
はスコットランドの最高民事裁判所長官であるなど、代々、法律家を出
している名家である。ヒュームは当然のコースとして法律家になるもの
と期待された。

　当時のスコットランドの裁判官は、行政官も兼ねたような趣があっ
て、今の日本で言えばエリート高級官僚といったコースに相当する。
ヒュームにはそのための実力もコネも十分すぎるほどあった。

　12歳（1723年）の若さでエディンバラ大学に入学するが、14歳で同
大学を退学する。哲学以外のことへの興味が持てなかったためのようで
ある。

▫ 青年時代

　ヒュームは青年時代の頃は非常に痩せており、数年間も自宅で猛勉強
したために健康をそこねた。神経衰弱だったようである。

　18歳の時、ヒュームは自分が哲学上の重大な原理を発見したと信ず

るにいたるのである。そうなると法律の勉強はどうしても嫌になり、学問（広い意味の哲学やラテン語古典の世界）以外のことにかかわるのに耐えられなくなった。

　彼は次男坊であるため、スコットランド法により遺産の割り分は少ない。自分は学問への欲求が止まなかったので、知的生活のための物質的基礎を自分の手で作り上げなければならなかった。幸い年50ポンド足らずの収入はあったので、これをもとにこれからの生涯計画を立てることになった。彼が死ぬ4カ月ほど前に書いた『自伝^{マイ・オウン・ライフ}』によれば、

> 　きわめてきびしく生活をきりつめて私の資産の不足を補い、なんとか独立してやって行ける道を講じ、そうして私の文才をのばすこと以外には、いかなるものも取るに足りないものと見做そうと、心にきめたのであった。爾来私はこの計画を、着々と首尾よく実現してきたのである。（山崎正一訳）

　上の文章で、"独立して（インデペンデント）"とは"いかなる職業に就くことなく不労所得によって生活していける"という意である。
　また上文で、文才（talents in literature）とあるが、その"文学（literature）"とは、"広い意味の哲学及びラテン語古典"という意味で使われており、小説や詩に限るような限定された領域ではない。むしろ今の日本の大学の「文学部」が意味する、広い領域の方がヒュームの思いに近い。

□『人間本性論』の執筆

　1734年、23歳のときフランスの片田舎に引きこもった。

　ヒュームはこのフランスでの隠棲で、彼の著作のうちで最も哲学的な内容を有すると言われる『人間本性論』を書き上げた。

　1737年、およそ3年間のフランス滞在を終え、1739年1月末、『人間本性論』第1、2篇をロンドンの本屋ジョン・ヌーンから出版した。しかし、

　　いかなる著述の企ても、私の『人間本性論』ほど、不運なものは
　　なかった。それは『印刷機から死んで生まれ』おちたのであった。
　　狂信家の間に、ささやきの一つを起こすような評判すら得られな
　　かったのである。(山崎正一訳)

　彼が数年スコットランドで勉強と研究を行い、さらにフランスで3年
間かけたその処女作の結果がこれであった。26歳のヒュームとしては、
それは人知の歴史に大きな足跡を残すはずの、自信満々たる力作であっ
たのである。
　彼の失望は察するに余りある。

　　しかし、生まれつき機嫌のよい気楽な性質だったから、私はきわ
　　めて速やかにこの打撃から立ち直って、田舎で私の研究を、非常な
　　熱意をこめて続行した。(山崎正一訳)

と書いている。
　ヒュームは、自分の著書が売れなかったのはその内容に問題があった
のではなく、自分の英語がまずかったのだと反省した。わかりやすい達
意の文章が書けなければならないと思ったのである。そのためにヒュー
ムが行ったことは、随筆中心の日刊紙『スペクテーター』を手本にして
平明暢達な文章表現の修行をすることであった。
　クロムウェルの革命でその熱狂の頂点に達したピューリタニズムも、
その後、半世紀もすると、新しいタイプの、教養ある、人間的なプロ
テスタント・ジェントルマンの文化が生み出されつつあった。『スペク
テーター』のアジソン(1672–1719)はまさにその代表であった。文章
はあくまでも明瞭でありながら非俗ならず、機知と諧謔を交えた上品な
文体が、つまりイングリッシュ・エッセイの原型が、ここに生まれたの
であった。
　期せずして同時代のアメリカのベンジャミン・フランクリン(1706–
90)も同じく『スペクテーター』を用いて、ヒュームと同じ目的のため

に英作文の練習をしたという。フランクリンもヒュームもカルヴィン主義の雰囲気の中に育ち、しかしその熱狂を嫌い、ドグマの研究よりは自己の教養を求めた人たちである。

　ヒュームのこの英作文修行の結果はその後の彼の出版物の売れ行きにはっきりと現れた。よく売れたのである。1741年および翌年と続けて出版した『道徳政治論集』第1篇、第2篇はその年のうちに版を重ねるということになった。彼の英作文修行の成果は、18世紀の規範英文法書にとり入れられたいくつかの例文が、彼の『英国史』からであったことからも示されよう。

　　　『人間本性論』の出版が成功しなかったのは、内容よりもむしろ<ruby>マター</ruby>
　　　<ruby>様式</ruby>のためである、

と確信したヒュームは、10年後にこの本を書き直している。
　彼の英語表現上の真摯な努力は、経済的自立（インデペンデンス）への道を伐り開くことになった。
　彼の『自伝』においては、独立した（インデペンデント）生活へのこだわりの表現がしばしば出てくる。
　それはなぜか。
　十分な所得が得られれば、研究・著作のための多量な自由の時間と、他人のおもわくを気にしない言論の自由が得られることを慧敏な彼は洞察していたのである。

□『英国史』の執筆

　彼は41歳の時、エディンバラの法廷弁護士会図書館の司書になった。この司書時代に『英国史』の執筆に着手した。彼は英国通史を一番書きやすく、資料も整っているスチュアート朝の即位から書き始めたのである。これがヒュームの英国史の第1巻『ジェイムズ1世及びチャールズ1世治下の英国史』（1754年）である。
　ジェイムズ1世は、もとはスコットランド王ジェイムズ6世であった

が、未婚のエリザベス女王の死後を受けてイギリス国王に即位し、ジェイムズ1世になった人である。

　ヒュームはスコットランド人であり、当時エディンバラの法廷弁護士会図書館の司書をやって、多くの良質な資料に接することができたから、そこから書き始めやすかったと思われる。彼が司書をしていた図書館は、当時も今も、スコットランド最良の図書館の一つである。そこは政治の枢機に触れるような資料も蔵していた。ここの資料を自由に駆使して書けば、イングランドの歴史家に対しても優位に立てることは明白であった。しかもその時代は150年前から100年前までの約半世紀足らずの期間に過ぎず、通常の知力で十分書き得る対象であった。

　43歳の時、この『英国史』第1巻を出版したが、これは12カ月の間に45部しか売れなかったという。

　しかしその2年後に続編、チャールズ1世の処刑からクロムウェルの清教徒革命までを『英国史』第2巻として出版した。これは比較的評判がよく、そのおかげで第1巻も売れ出した。このころからヴォルテールに褒められたりしてヒュームの名声はようやく確立することになった。

　さらに今度は時代を遡らせ、3年後の1759年、チュードル王朝の歴史を書き上げ『英国史』第3、4巻とした。ここでは処刑されたスチュアート朝のチャールズ1世も、イギリス人の間で人気絶大のエリザベスも、同じ国体観をもっていたことを指摘したため、ヒュームは大いに憎まれることにもなった。しかしヒュームはそんな世評はまったく気にしない。

　次いで2年後には、英国史のそもそもの最初の部分を2巻（第5、6巻）にまとめた。これが『ジューリアス・シーザーの侵入よりヘンリー7世までの英国史』（1761年）である。いわばヒュームは英国史を逆に書いていったのであった。

　彼の『英国史』は大きな反響を呼び、彼は経済的にも恵まれた状態になった。

　ヒュームはカルヴィン派教会に睨まれたらまともな職業につけない18世紀のスコットランドにおいて、たえず教会の神経を逆なでにする

論文を平気で書き続けた。またホイッグ党のもとに、すべてのいいポストが握られていた時代に、『英国史』の中では、トーリーに同情を惜しまなかった。そのため、エディンバラ大学の教授になりそこね、その後再び、グラスゴー大学の教授にもなりそこねている。そういう危険は百も承知で、しかも筆を曲げないですんだのは、彼が経済的にインデペンデントだったので、思想的にもインデペンデントでありえたのである。

　彼は著書を通じて多数の読者を得るに従い、その中にはヒュームの熱烈な支持者も現れた。

　ハーファド伯爵は彼をパリに連れて行って、最初の大使館付秘書官に薦めてくれた。ヒュームはそこでダランベールやディドロとの交流の機会を持った。後には代理大使となった。パリでヒュームは社交界における、これまでなかったほどの人気のあるイギリス人であった。

　またコンウェイ将軍は、ヒュームを自分の国務次官にしたのであった。

　彼はこれらの社会における実務経験の場合においても、きわめて優れた実務者であることを示したのであった。

▫ 死を直前にして

　ヒュームは自分の死期が迫っていることを自覚した、死の４カ月前の心境を『自伝』で次のように記している、

　　　1775年の春に、私は内臓の疾患におかされた。はじめは少しも驚かなかったのであるが、以来それは致命的なものとなり不治のものとなってきたものと私はおもっている。現在の私は、すみやかに死にゆくことを待ち設けている。病気から私がうける苦痛はきわめて僅かなものである。しかもなお不思議なことには、私のからだが非常に衰弱しているにもかかわらず、私の精神が一瞬の間といえども衰えをみせていないことである。私がもう一度すごしてみたいと一番望む生涯の時期を名ざしてみよとならば、私は現在の晩年の時期をあげたいと思うくらいである。私は研究に対しても以前にかわ

らぬ情熱を感じ、交友に対しても以前と同じ快活さを持っている。その上考えるに、65歳の人間が死んだところで、それは老衰したほんのわずかの数年を、きりすてるだけのはなしである。しかも、私の文学的名声が、ついに光をいやましながら輝き出した多くのしるしを目にしながら、それを私が味わうのも、ここ2、3年を出ないことを私は知っている。現在の私以上に、人生から脱俗してあることはむずかしい。（山崎正一訳）

と。また上文でもヒュームは、"文学"とは、"広い意味の哲学とラテン語古典"という意味で使っている。

上掲のヒュームの心境は、ストア的、あるいはエピクロス的な平静さをもって死に臨んでいる姿である。

この死に直面していた頃、パリ滞在時代に親しい関係にあり、彼を崇敬していたブフレエル伯爵夫人に次のような手紙を出している。

「私には死が次第に近づいて来るのが見えますが、不安も後悔もありません。大なる愛情と尊敬をこめてあなたに最後の御挨拶を送ります」と。

事実、彼の周囲にいたすべての人の証言によっても、ヒュームは最後の瞬間まで平静で上機嫌でユーモアを失わなかったという。

ところで彼の中心的な研究をあらわす大著『人間本性論』とはどのようなものだろうか。

▫ 人間本性論

「人間が持っている観念（知識）とはどこから生まれているのか？」という認識論の問題に対して、一つの考え方は、「人間が本来的に持っている理性から生まれる」とする合理論派のものである。これに対し、イギリス経験論の祖であるジョン・ロック（John Locke, 1632.8.29–1704.10.28）は、人間の観念は先天的に与えられるものでなく、経験を通じて形成されるものであるとした。

ジョージ・バークレイ（George Berkeley, 1685.3.12–1753.1.14）はロックが認めていた外界に物が実在することを否定し、物は観念として存在するのみであるとした。ただそういう知覚されたものを知覚するもの、つまり精神は実在すると考えたのである。

　ヒュームもバークレイと同じく、知覚されたものが存在するとしたが、彼の考えは更に、それより一歩進んだものである。彼は、本当に存在するのは印象であり、また、この印象を反省するところから生ずる印象（怖れとか恥とかいう観念）であり、そしてこれらの印象が連合するということ以外に精神的実体などはないとした。哲学にとっての基本的概念である"実体"も、ヒュームにとっては知覚と観念の連合にすぎない。

　またヒュームは、何人にとっても疑いえないとされた「因果律」——原因あれば結果あり——も、知覚の習慣にすぎないとするのである。"信念"などはいきいきとした観念であり、それ以外の何物でもありえない。そしてこの観念連合を支配する法則は習慣、慣習などといった傾向性にすぎず、更にこの傾向性は何か、と問えばこれは解らないとする。

　ヒュームが人間の本性に関しギリギリのところまでの分析を行って得られた結論とは、人間の理性に対する不信ということであった。原因、結果というような一見明白なようなものですら、分析的に考えれば形而上学的に必然性はない。彼にとっては、"理性は情念の奴隷"にすぎないのである。歴史を考えるにあたっても、あらゆるイデオロギー的解釈を拒否する。因果律にすら必然性を認めることができなかった人が、"歴史の必然"というような荒っぽい虚構を受け入れることができるはずがない。

　ヒュームは、人間の歴史は常に不確実性の時代であることを、理論的にも示し、また著書『英国史』の執筆により一つ一つの事件にあたって確認している。

　ヒュームの見るところ、英国史は人知の頼りなさの証拠のように思わ

れたのである。

　ヒュームの歴史観の中心は、彼の認識論の場合と同じく"習慣"、"慣習"である。歴史は"慣習"に導かれ進行していくものであると彼は考えた。この"慣習"は固定したものではなく、その時々の機会で方向を変えるものであって、予測も予断もなかなかできにくい、つかみにくい流動的なものである。したがって人知をもってして予測できるものではないと考えたのである。先の先まで見越した上で、例えば社会契約を結ぶことができるような能力は人間には存在しないと考えた。ヒュームは歴史を考えるにあたって、あらゆるイデオロギー的解釈を否定したのである。

　ヒュームの死後の人間の歴史は、まさにヒュームの認識が正しかったことを証明しているかに見える。

　彼の死後13年、ルソーの社会契約説に準拠しフランス革命が起こった。フランス革命後の社会は、旧社会よりずっとよいもののはずであった。ところが予想外のことが次から次と起こった。革命を起こした人たちは、人間の理性の万能を信じ、新しい契約を結ぶことによって理想国家を作るつもりであったが、ロベスピエールの登場を誰一人予測できず、ナポレオンの出現を誰一人夢見ず、したがってその後の諸々の事件を何一つ予見できなかった。そして大量の無辜の人たちが殺されてしまったのである。この革命のために約490万人が犠牲になった。

　時代が降ってマルクスは「共産主義への移行は歴史の必然」などと言ったが、因果律にさえ必然性を認めることができなかったヒュームは、そんな荒っぽい言説を受け入れるはずもない。

　マルクスの理論によりレーニンがロシア革命を実行したが、それによる犠牲者は一説によると全世界で1億人にのぼるともいう。

　もしもヒュームの、上述した"人知に対する明察"とも言える考え方を人々が理解していたならば、フランス革命は起きなかっただろうし、そしてそれに影響されて起きたロシア革命も起こらなかっただろう。世界の歴史はもっとゆっくりと穏やかに平和のうちに進み、それは人類の

幸福のために好ましかったのではないかと思われるのである。

　重要なことは、最近の研究によれば、ヒュームの徹底した分析的認識論は、その後の彼の政治論、道徳論、経済論、英国史等のいわゆる通俗的著作にも通底する、思想の一貫性を持っているとみなされていることである。

11.3.2　クラウゼヴィッツの戦争哲学 [20], [21], [22], [23]

　17世紀末から続いていたイギリス対フランスのいわゆる第2次百年戦争は、フランス革命後もフランスにナポレオンが登場するにおよびさらに続いた。戦乱の場はヨーロッパ全土に拡大され、1815年にナポレオンが最終的に倒れて遂に終了した。

　ナポレオンが主役を演ずるようになってからの20年間はナポレオン戦争といわれるが、この期間、英仏二大勢力を主軸として、多くの国々が関与し、数多くの戦争が行われ、ナポレオンはそこでさまざまな戦術、戦略を案出、駆使し、ほとんど連戦連勝、軍事の天才の名を遺憾なく発揮したのである。

□ ジョミニの『戦争概論』[22]

　戦争とは一国にとって、場合によってはその存立にも関わる最重要問題であり、ナポレオン戦争後、彼の残した圧倒的な強さの秘密はどこにあるかを探るための研究をする者が現れるのは当然である。その中の一人がアントワーヌ＝アンリ・ジョミニ（Antoine Henri Jomini, 1779.3.6–1869.3.24）であり、また、すでに簡単に紹介したクラウゼヴィッツもその一人である。

　ジョミニは、スイス出身の軍事学者である。スイスの士官学校で学び、スイス軍に入隊し、大尉の階級を得、大隊長となる。彼は25歳ですでに軍事学の著作を残している。これを当時ナポレオン麾下の将軍でスイス総督であったミシェル・ネイの知るところとなり、ジョミニの才能が見出され、彼はフランス陸軍の第6軍団に採用された。ジョミニは

ウルムの戦い（1805.10）やアウステルリッツの戦い（1805.12）に参加している。アウステルリッツの戦いの後にジョミニの著作を読んだナポレオンは、彼に大佐の階級を与えた上にネイ元帥の上級副官、幕僚長に任命した。彼はナポレオン軍においてその後のほとんどすべての主要作戦に参加し、その功績により男爵を授けられ、少将に昇進した。

しかしジョミニは、後にナポレオンの参謀長になったベルティエとそりが合わず、フランス軍を離れ、ロシア軍に移った。そこで大将に任じられニコライ1世のもとで露土戦争に参加し、そこでの業績によりアレクサンドル大綬章を受けた。ロシア軍の近代化に努めるかたわら、1838年、軍事理論の大著『戦争概論』を著したのである。1869年にパリで死去。90歳であった。

ジョミニは各地で軍務に就くかたわら熱心に軍事学の研究を行い、数多くの著作や論文を発表している。これらの一連の研究の中で特に重要な業績が『戦争概論』である。

『戦争概論』において彼はまずいろいろな戦闘の実例を集めてそれらを分類、整理した。そして戦術と補給問題を切り離し、単なる戦術を越えた戦略構想の重要性を強調し、根本原則を抽出した。特にナポレオンが実践した戦略を詳細に観察して、彼が依拠してきたその一般的原理を明らかにしたのである。

ジョミニは、ナポレオンが勝利したのは、戦略の普遍的な原理、原則を、戦争に巧妙に利用したからであるとし、ナポレオンの軍事における天才性を重視しなかった点に特徴がある。

ジョミニは、戦場において、敵の決定的な地点を脅かすように戦力を運動させるための一般的な原則を、簡潔な表現で提示した。ここでの決定的な地点とは決勝点であり、また敵にとって致命的または弱体化を余儀なくされるような地点という意味である。

彼の主張する要点を具体的に述べると、戦術的先制を取ること、敵の連絡や補給線を遮断すること、決戦場へ大軍を集中させること、敵軍の一部だけをまず叩くこと（先制攻撃）、高機動力で敵を驚かすこと（高機動性）、追撃の急なること、などなどである。

彼はまた、内線作戦と外線作戦の関係について考察し、内線作戦の優位性を指摘している。

　ここで、内線作戦とは敵に包囲・挟撃される位置での作戦であり、外線作戦とはその逆の位置関係での作戦のことをいう。一方が内線作戦または外線作戦をとれば、他方はその反対の外線作戦または内線作戦をとることになる。
　以下、内線作戦について考察してみよう。ここに、外線関係にある軍の複数の根拠地は独立していて、相互に支援関係にないとし、また戦闘能力は内線軍 A, B, C, D と外線軍 X, Y, Z, W いずれも同程度とする（図11-8参照）。

　外線軍は、X, Y 隊を異なる経路で内線軍に接近させつつあり、内線軍は A, B のどちらか、もしくは両方を X, Y の進路に展開し外線軍を撃破しようとする。この場合、A, B が共同して X, Y のどちらか片方と戦闘するか、または A, B が分かれて X, Y とそれぞれ戦闘するかの二通りが考えられる。

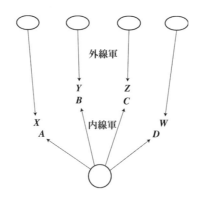

内線軍の後方連絡線は内方において求心的、外線軍の後方連絡線は外方において離心的。
外線作戦の場合、根拠地は一般に複数。
図11-8　内線と外線

　前者は空白となった進行経路に外線軍が進出し内線軍の後方連絡線が途絶される危険性があり、後者の方針は内線軍に決定的な優位がないために迅速に勝敗を決することが難しく、長期的には外線で行動する部隊に時間的猶予を与える危険性がある。

　これらの問題点を解決する方法は、AはXに対し防禦的に対応して時間的猶予を確保し、Bを主力と位置付けて戦力を強化しYに対し迅速に勝利した後にAと合流してXを撃破するという方針である。防禦の場合には現状を維持すればよいのであるから、特段の強力さを必要としないという防禦の優位性を利用する考え方である。

　ジョミニの軍学を流れる特徴は、作戦のラインに注意を向け、図解を重視し、戦術をあたかも幾何学のように図示していることである。

　ジョミニの『戦争概論』は、とっつきやすく理解が比較的容易であるため、ただちに大きな反響を呼び、ヨーロッパ各国の軍隊で争って読まれるところとなった。

　ただし彼の軍学は、戦争を科学として、技術として把握することに偏し、その社会的、政治的影響には十分な考慮がなされていない憾みがあった。

□ **クラウゼヴィッツの『戦争論』**[20], [21], [23]

　実は、ジョミニの『戦争概論』が出版される数年前に、後年注目されることになるクラウゼヴィッツの『戦争論』がすでに公刊されていたのである。しかしこれは戦争をドイツ人的な徹底さで哲学の立場からその根本的本質を論じたものであるため、とっつきにくいとされたためか、プロイセン参謀本部外ではほとんど知られることなく、もっぱらプロイセン参謀本部将校の頭脳の中にしまい込まれることになった。

　ところで、ナポレオン戦争における1806年のイエナ・アウエルシュテットの戦いで、プロイセンはナポレオンに徹底的に痛めつけられ総司令官ブラウンシェンヴァイク公を失うほどの惨敗を喫した。戦後締結されたティルジット平和条約では、プロイセンは国土の半分を取り上げら

れ、兵力は４万2000に制限され、償金１億3400万フランを要求された。しかも全額支払うまでフランス軍の駐留を許すという屈辱的な条件まで押し付けられた。まさにプロイセンにとっては国家存亡の危機に直面するほどの衝撃であった。

だが、それから数十年後、プロイセンは二つの陸軍大国オーストリア、フランスを相手として普墺戦争（1866。別名７週間戦争）、普仏戦争（1870.7 － 1871.5。別名６カ月戦争）を戦い、それぞれ完勝、圧勝するのである。普墺戦争の場合は７週間という短期間で決着をつけ、普仏戦争の場合は、相手のナポレオン３世自身をも捕虜にするという、完膚なきまでの圧倒的な強さを発揮したのだ。

この数十年の間に、プロイセンにはどのような変化があったのだろうか。

フランス陸軍がクラウゼヴィッツを発見したのは普仏戦争でフランスが手ひどく敗れてからの1880年代のことであった。フランスのピエロン（Piéron）陸軍中将は「もしわが国の将軍たちが1870年以前にクラウゼヴィッツの思想を考慮していたならば、普仏戦争における戦略上の失敗を免れていたであろう」と言い、将来のためにフランスはクラウゼヴィッツを学ばねばならないとした。

それでは普仏戦争に決定的な影響を及ぼしたとされる、クラウゼヴィッツの『戦争論』とはいかなる内容のものか。

クラウゼヴィッツは51歳の若さで戦病死したので、『戦争論』は未完である。

そこで著者の死後、未亡人となった夫人マリー（旧ブリュール伯爵令嬢）が1832年から1834年にかけて、遺稿を３部に分けて編集し、出版した。全体で８部より成るうち、最後の「第７部 攻撃」と「第８部 作戦計画」が草案のままの出版となっている。

以下、順を追って、クラウゼヴィッツの『戦争論』の主要な部分と思

われるところを紹介しよう。彼の提示の仕方は、体系的なことにあまり関心を払わず、重要な諸点を簡明に圧縮し示している。彼の残した手記によると、モンテーニュの『エッセイ』を手本として意識したらしい。

▫ 戦争の性質について

　まず「第1部　戦争の性質について」において、彼は戦争の本質とは何かと問うことから始めている。

　　　戦争とは敵を屈服せしめて、自己の意志を実現するために用いられる暴力行為である

とし、

　　　その暴力の内容は技術上・科学上の発明であり、その暴力行為にはいかなる限界もない。一方の暴力に対するに他方もそれに対抗する暴力をもって応ずるから、概念上は、戦争の相互作用は無限定性に導く、

とする。

　この"無限定性"の認識は、フリードリッヒ大王の頃の"制限戦争"の概念とは明らかに異なる、ナポレオンの徴兵制に基づく大規模近代戦争の本質であった。

　クラウゼヴィッツは考察を進め、ついに次の有名な結論、

　　　戦争とは他の手段をもってする政治の継続にほかならない、

に達するのである。

　（この関係から、近年わが国でしばしば云々されたシビリアンコントロール、すなわち戦争をするかしないか、また戦争になったらいつ戦争を止めるかは、政治すなわちシビリアンが決めるという関係が導かれ

る）

　他の軍事思想家、例えばジョミニは、戦争という同一平面上で、戦術、戦略、兵站等を議論しているのに対し、クラウゼヴィッツの思想は、政治という立場に立って戦争を考え、戦争を政治に対し相対化してみせたのである。すなわち政治が主、戦争が従であり、戦争は政治である。いかなる種類の戦争でもすべて政治行動とみなされ得る、と主張する。そして、クラウゼヴィッツの戦争論は、この立場のもとに一貫した戦略が組み立てられているのである。

　この思想が、クラウゼヴィッツ亡き後、プロイセンのドイツ参謀本部の中心思想を貫くものとなった。すなわち、ドイツ参謀本部においてビスマルク、モルトケにおいてクラウゼヴィッツの思想は実践され、以後シュリーフェン ― 小モルトケ ― ヒンデンブルクといった参謀本部の人々に受け継がれたのであった。それのみならず近・現代の各国の軍事思想に多大な影響を及ぼしたとされている。

　なお、クラウゼヴィッツの政治が主、戦争が従という思想に対し、時代が降って反対思想が提起されたことがある。

　第1次世界大戦が発生し、各国が人員も物資もすべての総力を挙げた未曾有の戦い、すなわち“総力戦”となった。その初戦時にドイツ東部軍の参謀長ルーデンドルフは東プロイセンのタンネンベルクでロシア軍を包囲殲滅するという大戦果を上げたのである。この結果をもとに彼は、クラウゼヴィッツの考え方とはまったく逆の思想、すなわち「主たるは戦争に勝つことであって、政治はそれに沿って従わねばならない」と主張したのである。しかしこの場合の戦争は、彼らのファシズム、すなわち結束主義という政治思想のもとでの戦争だったのである。

　ここで戦争の定義における戦争目的を純粋に徹底的に考えてみる。

　戦争の目的とは、“敵を屈服せしめる”である。そのために考えるべき条件は“敵の戦闘力”、“敵の国土”、“敵の意志”の三つである。

　普通、戦争における勝利とは“敵の戦闘力”を壊滅させることであるとされる。しかしクラウゼヴィッツからすれば、それは敵の戦力の一部

を壊滅させただけであり、必ずしも戦争全体から見て、勝利であるとは言えない。

　まだ"敵の国土"が残っている。"敵の国土"が残っていれば、その国土から新たなる戦闘力が生まれてくる可能性がある。

　しかし"敵の国土"が完全占領されたとしても、戦争が完全に勝利したとは言い切れないところがあるとする。"敵の意志"が存続する限り、敵は亡命政府などを作り、第3国軍などの支援を得て、反撃に出ることだって可能であり、そのような事例は歴史的にいくつも存在した。例えば、第2次大戦中、ドイツ軍に降伏したフランス政府を見捨ててロンドンに亡命したド・ゴール将軍の例もある。

　上の事柄を少し言い換えると、

　　　　敵の軍隊を壊滅しても、国が残れば軍隊は再建できる。敵の国を壊滅しても、国民が残れば国は再建できる。しかし国民の意志、魂を壊滅させれば、完全に敵国を壊滅できる。

　ところでアメリカは第2次世界大戦後、6年余りの日本占領によって、まさに日本国民の意思と魂を壊滅しようとし、相当の成果を挙げたのではないか。

　彼らにとって、日本が大国であるアメリカやイギリスを敵にまわして4年ものあいだ勇敢に戦った事実は脅威であっただろう。日本が二度と軍事強国にならないように、日本人の思想改造をしようとした。日本の力は民族的な団結の強固さにあるとして、その基盤である日本の歴史、文化、習慣、伝統などを封建的な遅れたものとして否定し、自由主義（リベラリズム）や個人主義を持ち込んだ。これらの考え方の行き着くところは、無国籍化、唯物主義、社会主義であり、日本人の伝統文化に基づく倫理観を崩壊することにつながる。

　さて、クラウゼヴィッツは概念上、戦争という暴力には限界がないとしている。

国際法上の慣例は、戦争という名の暴力に対する制限であるがそれは極めて些細なほとんど云うに値しないものだと片付ける。

　戦争は、その背後にある政治目的を考慮に入れて、さらなる戦闘を控えるということもあるし、また本来の政治目的のためにはさらに続けることが必要であるとしても、その戦闘のために自国、自国民の犠牲があまりにも大きすぎると見込まれる場合には見合わされる場合もある、という戦争に対する制限要素を指摘する。

　ここで1866年の普墺戦争におけるビスマルクの主張を思い出してみよう。

　プロイセン軍は、ケーニッヒグレーツの戦いで史上最大の包囲作戦に完全に成功し、ウィーンより60キロのニコルスブルクにまで進んでいた。

　ここでプロイセン側では国王をはじめ全軍人がウィーン入城を頑強に主張したのに対し、首相ビスマルクはあくまでそれに抵抗したのである。

　ビスマルクは、最終目的はドイツの統一であり、この次の障害はフランスである。どうしても次にフランスと戦わなければならない。その時にオーストリアの好意的中立は絶対に必要となるのだから、今は恩を売る時だと判断した。そのためには、首府に入城したり、領土をとったり、償金をとったりしてはいけない。無割譲・無賠償・即時講和を最後まで押し通したのがビスマルクであったということはすでに述べた通りである。

　結論として、戦争は単に一つの政治的行動であるのみならず、実にまた一つの政治的手段でもあり、他の手段による政治的交渉の継続に他ならない、ということになる。

　この第1部では、戦争の最高司令官すなわちリーダーのあるべき特質についても触れている。

　最高司令官には、さまざまな不確定な情報、予定の狂い、思わぬ失策、それらを十分に配慮して統一し、判断を下す力が重要であるとしている。

　すなわち、戦争にあたってわれわれが自分の子弟の生命、祖国の名誉と安全とを託し得るような人物は、創造的頭脳の持ち主というよりはむしろ反省的頭脳の持ち主であり、一途にあるものを追い求めるよりは総括的にものを把握する人物であり、熱血漢というよりは冷静な理性の持ち主であるというのである。

▫ 戦争の理論について

「第2部　戦争の理論について」に入る。

　地図上、一点の攻撃、防禦に戦闘力をいかに駆使するかは"戦術"といわれ、500人ほどの編成の"大隊"により行われる。また地図上一定の面積を持つ地域での攻撃、防禦に関する戦闘力の駆使は"戦略"といわれ、1万数千人ほどの編成の"師団"により行われる。

　この場合、一定の面積が広くなればなるほど、またはこの一定の面積が敵の重心に近いところ、例えば普仏戦争におけるプロイセン軍にとっての敵の首都パリのようなところでは、戦略は政治に近づくことになる。

　1870年末、普仏戦争での勝利後、プロイセン軍はパリを占領するに足るだけの軍事力を持っていたが、一旦はあえてそれを踏みとどまった期間があったのである。パリ市民が対独敵愾心を燃え上がらせ徹底抗戦の挙に出ることを恐れたからである。むしろプロイセン軍は、フランス臨時政府とこれに反抗するパリ市民の決起（パリ＝コミューンの反乱）を遠巻きに見守ったのであった。これは、軍事的戦略がより政治化した例である。

▫ 戦略一般について

「第3部　戦略一般について」では、最善の戦略について述べている部分がある。

　近代戦争においては、策略などという姑息な手段は存在し得ないとし、最善の戦略は、第一に、常に十分な兵力を備えていること、次に決定的瞬間に十分な兵力を備えていること、であるとしている。戦略に

とって自分の兵力を集結させておくことほど重大で単純な法則はないのであって、差し迫った目的のためやむを得ない場合の他は、いかなる兵力も本軍から切り離してはならないと強調する。

　普仏戦争の場合を振り返ってみよう。

　プロイセンの参謀総長モルトケは、クラウゼヴィッツの言う、主戦場に可能な限り多数の軍を集中させる、という戦術が、鉄道と電信技術を最大限利用することによって、分散進撃方式でなしうることを洞察した。当時ヨーロッパ諸国では、ジョミニの考えに沿って、内線有利と考えられていたが、モルトケは鉄道の問題さえ解決されれば外線作戦の方が、つまり包囲攻撃の方がはるかに有利であるという戦略思想に達していたのである。現に普仏戦争の開戦時に北ドイツからフランス国境に通ずる鉄道はすでに6本も用意されていて、10日前後で大部分の軍隊をフランス国境に進撃させることができた。

　またモルトケは鉄道の方が要塞を作るよりも効率がよいとした。電信部隊を持ち、野営設備を持った野戦軍の方が要塞よりもよいという考え方も持っていた。そして彼は、フランス軍と遭遇したならば、必ずフランス軍の正面と右翼を攻撃して、敵を北に圧迫し、パリと遮断するという根本方針を立てていた。

　ナポレオン3世は自ら戦地に赴き、9月1日のセダンの戦いに臨んだが、プロイセン軍は予定通り、戦線に穴を空けた南方から迂回し、セダンから首都パリへの退路を断つ包囲行動に出ていた。フランス軍はセダンで完全に包囲され、開戦からわずか1カ月半後の9月2日、ナポレオン3世は10万の将兵とともに投降し捕虜となったのである（図11-9）。

　また第3部では、民兵の潜在力についても論じている。

　クラウゼヴィッツは、ナポレオン戦争の後半の1813年の（ドイツ諸国民）解放戦争で活躍した“郷土防衛隊”、別名“民兵”、“国民軍”の組織化がいかに強力であったかと力説し、今後、各国政府がこれらの手段を用いないでおくことは考えられないと結んでいる。民兵の示す国民の心情や士気が、国力、戦力、戦闘力の増進に貢献するからであるとし

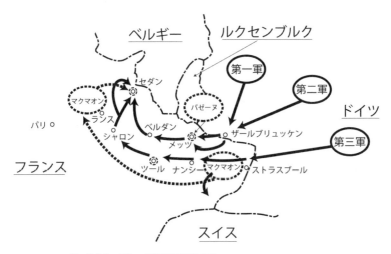

・○は、地名を、また 一点鎖線は国境を示す。
・実線はプロイセン軍とその進路を、また破線はフランス軍とその進路を示す。

図11-9　普仏戦争

ている。

　1870年、普仏戦争でナポレオン3世がセダンで降伏すると、パリに暴動が起こり、パリの市民・労働者・共和派ブルジョアを中心とする抵抗運動に直面した。ビスマルクやモルトケは、野戦の勝利が直ちに講和と結びつかず長期にわたる国民的抵抗を生むとは思わなかったであろう。彼らにとってクラウゼヴィッツの言葉、

　　　武装した農民（民兵）を撃退するのは兵士の一隊を撃退するほど
　　　簡単ではない

が、痛切に身に沁みたのではあるまいか。

　クラウゼヴィッツの、民兵の潜在力重視の考えは、マルクス、エンゲルス、レーニンなど共産主義者たちからも非常に注目されたとはよくいわれることであるが、これは、彼のゲリラ戦に関する研究とともに、毛

沢東の長期戦戦略やベトナム戦争やアルジェリア戦争などに影響しているとも考えられている。

▫ 戦闘

「第4部 戦闘」では、主戦、会戦、追撃等が論じられる。

　主戦とは両軍の主力相互の戦闘であり、それゆえに主戦は戦争の重心をなす。主戦における敵戦闘力の壊滅とは、時間、空間の一点に集約された状況で敵兵力を殲滅することである。

　戦争の推移により、主戦を構成する個々の戦闘の状況は随時、最高司令官に伝達される。ある師団のある大隊が敗北を喫したとすれば、それは師団長から総司令官に伝えられ、総司令官は予備軍を差し向けるべきかを判断する。このような部分的敗退は総司令官の意識の中に重く堆積していく。最高司令官は戦闘が今どのような方向に流れているかを見定めなければならない。味方の予備軍を投入しても方向性が変えられないと状況判断したならば、総退却を図らなければならず、その潮時を的確に見定めることが指揮官に求められる洞察力である。それを決めたなら、次の戦いに向けての余力を残した、秩序整然とした退却でなければならない。

　クラウゼヴィッツは、この問題の悪例としてワーテルローの戦いにおけるナポレオンを挙げている。すなわちナポレオン戦争最後のワーテルローの戦いでは、ナポレオンはその潮時を誤り、逆転すべくもない会戦に全兵力を傾け、挙げ句の果てにはボロボロになって戦場から、そしてフランスからも逃げ出さなければならなかった、とナポレオン自身が後になって述べている。

▫ 防禦

「第5部 戦闘力」は省略し「第6部 防禦」に入る。

　防禦とは、敵の攻撃を待ち受けてこれに抵抗することであり、その目的とは、現状を維持することである。

　現状を維持しようとする力は、攻撃すること、すなわち現状を拡張し

ようとする力より少なくて済むから、防禦は戦争遂行上、より強力な態勢ということになる、と述べられている。すなわち、攻撃と防禦では力の出し方に強弱の違いがあるということである。

よく考えてみればこれは当然なことである。通常、攻撃側は未知の土地、未知の地形に踏み込んで戦うのであり、反対に防禦側は十分に熟知した土地、地形を背景にして戦うものである。したがって、攻撃側は大きな力を浪費して戦うのであり、防禦側の力はそれほど多くを必要としないということはわかる。

だからといって、終始防禦に当たっていたら戦争の勝利には至らないだろう。

クラウゼヴィッツは、戦略的に成功に導く方策として、①地の利、②奇襲、③多方面攻撃、④要塞及びそれに付随する戦場の付属物を拠点として利用すること、⑤民衆の協力、⑥偉大な精神力に訴えること、を指摘し、それらについて詳しく検討している。

ところでクラウゼヴィッツの戦争論は、勝敗を争うゲームやスポーツ競技の戦い方にも大いに参考となる部分が含まれていると思われる。

例えばクラウゼヴィッツの戦闘における、攻撃に対する防禦の考え方は、素人のテニスに対しても参考になりそうである。防禦の心構えでいるときは、現状を維持しようとしているのであるから、比較的冷静な気持ちで相手の位置なども頭に入れて、むやみに力を入れることがないから無難に返球しやすくなる。これに対し攻撃するときの気持ちは一発で決めてしまおうとするから、気持ちがはやり力んでしまい、打ち損なってむざむざ相手に得点を献上するという風景が、一般人のテニスコートで日常的に繰り返されている。素人テニスの場合は、防禦のテニスが試合の勝敗を決める、と言ってもいいくらいである。

さて次に、国家が潰乱状態に陥った場合におけるクラウゼヴィッツの考え方を述べよう。

既述の通りクラウゼヴィッツは、1806年自らイエナ＝アウエルシュテットの戦いに参加し、そこでプロイセン軍はナポレオン軍に壊滅的

な、国の存立を失うほどの負け戦を喫した。彼はその痛烈な体験と、ナポレオン戦史の詳細な考察により、若い時の急進リベラリストの考えから晩年は国王寄りの反動派的な考え方に変わっていった。

ホーエンツォレルン家のプロイセンの歴史は、フリードリッヒ大王の時代も含めて、それは「国家が軍を維持するのではなく、軍によって国家が保持される」というものであった。クラウゼヴィッツは国家潰乱状態の時にあたって、このプロイセン国家にとっての真理を再認識したのであった。

すなわち、国軍の存在は国家に優先する、という結論を得たのである。強い国家を作ることにすべてを優先すべしとした。この場合民主主義的な考えは、強い国家にとっては国家分裂要因にすぎないから、国家があってこそ国民があると考えるべきだとした。

彼の考えは、国教というものがあるプロテスタント国においては国王が宗教的最高権威であるから「国家は世界における神自身の顕現」であるという思想と共鳴する。

この立場からクラウゼヴィッツは、ドイツの統一は強い軍を持つプロイセンを中心にして作られねばならぬとした。

イエナ＝アウエルシュテットの戦いのあと間もなく、シャルンホルストにより参謀本部という新しい概念による軍事スタッフ組織が創設された。それはクラウゼヴィッツの戦争哲学を思想的基軸として整備拡充された。プロイセンは国王ヴィルヘルム１世の下、優れたリーダー首相ビスマルク、名参謀総長モルトケらにより、クラウゼヴィッツの戦争哲学による戦略思想の実現と、ナポレオンにはない新しいスタッフ組織の重要性を、普仏戦争圧勝という結果により示し、世界を驚かせたのである。プロイセンが壊滅の危機に遭ってから数十年が経過していた。

普仏戦争において、フランス軍はジョミニの著書『戦争概論』の戦略論に基づき戦闘し、一方プロイセン軍はクラウゼヴィッツの著書『戦争論』の戦略論に基づき戦った。前者が戦争を科学的、技術的に捉えているのに対し、後者は戦争を一段高い見地から、すなわちより次元の高い

政治という立場から戦争を哲学的に捉えている。

　戦争の結果が示すところによれば、哲学が普仏戦争の勝負を決めたともみなすことができよう。

　または、本書が主張するように、次元の高い考察の方がより強力であるとも、あるいは抽象（哲学）が具象（技術）を凌駕したとも言えようか。

　われわれは戦争を戦うというと、戦うための戦術や戦略という技術的なことを考えがちである。まさにこの戦争のための技術の体系をまとめたのがジョミニの『戦争概論』であった。

　ところでフリードリッヒ大王は7年戦争において、オーストリア、フランス、ロシアに加えてスウェーデンを相手にし、とても勝てる相手ではなかった。16回のうち半分の戦闘は負け戦であった。しかし最終的に最も肝心なシュレージェンとグラーツに関しては自己の所有とすることができたのである。要するに彼は、戦闘には負けたが戦争には勝ったのである。

　このフリードリッヒ大王の戦争を思うにつけ、いったい戦争とは何か、戦争に勝つとはどういうことかと考えさせられる。

　クラウゼヴィッツは一段高い立場に立って、戦争というものを哲学的に考察したのである。高い立場とはどういうことか。彼は、

　　　戦争とは他の手段をもってする政治の継続にほかならぬ

とし、戦争を政治に対して相対化してみせ、もっぱら戦争を政治の立場に立って論じたということである。戦争を平面上の問題として捉えるのではなく、政治の高みに立って、鷲が平面を見渡すが如く戦争を論じたと言えようか（図11-10）。

　クラウゼヴィッツの『戦争論』は、ジョミニの『戦争概論』の出版より数年早かったのであるが、ジョミニは人気を博したのにクラウゼヴィッツは、戦争を哲学的に論じたためであるのか、とっつき難いとみ

図11-10　戦争とは他の手段を
もってする政治の継
続にほかならぬ

なされ敬遠され、もっぱらドイツ参謀本部の参謀達の頭脳の中にしまい
込まれたままであった。この場合、クラウゼヴィッツはとっつき易さを
"捨象"して新しい強力な"抽象"化を得たのである。

　まさしくクラウゼヴィッツは、本書の主題である「1次元高い世界で
考える」を地で行った典型例である。

11.3.3　4次元同次図形処理[24]

　ところで、工学の場合はどうであろうか。
　工学は、自然科学の成果を利用し、応用して、人間のために役に立つ
技術の体系を作ることを目的とする。工学の場合も新しい技術が作られ
るためには、捨象と抽象を繰り返すという点では自然科学の場合と変わ
らない。
　抽象して新しい高度な技術を作ることは、必然的に捨象を伴う。自然
科学が進歩すれば、それを利用し、応用する工学技術も高度化し、抽象
化により得られるメリットはますます大きくなるが、その高度さゆえ
に、捨象によって生じた影響が、人間社会に対し少なからざる、好まし
くない影響を与えることもあり得るということに注意しなければならな
い。
　工学は人間社会のために役に立つものでなければならず、人間の幸せ
を損なうものであってはならないからである。
　これは自然科学には基本的に存在しない、工学が有する本質的な問題

である。

　したがって工学・技術には、その人間社会に対する影響を何らかの手段でチェックすることが本来的に必要とされる（"第12章　抽象の世界観をチェックする具象の世界観"を参照）。

　ところで、本書執筆の発端となった4次元同次図形処理の場合はどうであろうか。

　この場合指向した抽象の方向とは、図形処理工学の学問体系を確立することであった。

　従来の3次元ユークリッド空間による処理は、いくつかの解決困難な問題を抱えていた。著者は、この問題はユークリッド空間に必然的に付随する問題点であると判断し、図形処理によりふさわしい適正な4次元同次空間を発見的に見出したのである。

　しかしこのために、ユークリッド空間に対する本来人間が持っている"馴染み易さ"が幾分か失われた、すなわちそれは"捨象"されたのである。この捨象によって、CADシステムのシステム・プログラマーは、同次処理特有の数学的な勉強を行い、かつそれに習熟する必要が生じる。

　しかしこれはCADシステムを使う一般ユーザの使い易さを損ねるものではないということで救われていると思われる。4次元同次処理により得られたメリットは、パート1で示したように、従来の処理方式に比べ、はるかに大きいからである。

11.4　コモン・センスによって得られた具象の世界観

11.4.1　ジョンソンのコモン・センス [25]

　サミュエル・ジョンソン（Samuel Johnson, 1709.9.18–1784.12.13）は、イギリスの詩人、批評家、随筆家、辞書編纂者（図11-11）。

　18世紀イギリスにおいて「文壇の大御所」と呼ばれた。親しげに「ジョンソン博士（ドクター・ジョンソン）」と称される。その有名な警句から、しばしば「典型的なイギリス人」と呼ばれる。主著に『英語辞典』、『シェークスピア全集』（校訂・注釈）、『詩人列伝』など。

図11-11　サミュエル・ジョンソン

□ 苦労の前半生

　ジョンソンは、オックスフォード大学に入学したが経済的理由で退学せざるを得なかったから何の学位も資格もなく、生活には大変苦労した。

　しかし学者ないし作家として名を成したいという意欲はゆるがなかった。彼は友人で俳優志望のデービッド・ガリックという青年と運命を切り開こうと相たずさえて上京した。二人とも天才で強い意志力をもち、それぞれ天職を意識していた。……3、4年の後にガリックの天分は大衆を驚かせたが……ジョンソンはなおも文学の貧しい道に苦役を強いられていた。

　ジョンソンは雑誌『ジェントルマンズ・マガジン』に散文、韻文の雑篇をいくつか書いた。また最初の長詩『ロンドン *London*』を出版した。

　1749年に出した第二の教訓詩『人間欲望の空しさ *The Vanity of Human Wishes*』は、ガリレオ、ウルジー、スウェーデンのカルル12世その他の生涯をうたって、政治的野望や軍事的征服のむなしさ、学者のみじめさなどを説いた。発表当時の売れ行きは前作『ロンドン』に遠く及ばなかったが、これはジョンソンの最高の詩作である。しかし生活の苦しさ

は一向に改善されなかった。

　1750年に彼は『ランブラー（漫歩者）*The Rambler*』紙を始めた。週2回刊行の2ペンス紙で、これに彼は毎回匿名のエッセイを1篇ずつ書いた。文学に対するジョンソンの態度を見るには、この『ランブラー』紙はきわめて重要なものである。この仕事にかかる前に彼は、神の栄光を促進し自他の救済に資したいと願った。19世紀の批評家たちは彼のエッセイを、娯楽でなく教化を志すものであり、俗人の説教として顧みぬ傾向があった。ジョンソンの基本的信条としては、世の中をよりよくすることがものを書く人間の義務だという考えがあり、その責任感が各エッセイの文体を決定した。

□『英語辞典』

　ジョンソンが1747年（38歳）に公表した『英語辞典 *Dictionary of the English Language*』の企画書は、有名な出版社ドズリーのすすめでチェスターフィールド卿に献呈された。同卿は初めのうちこそ多少の関心を見せたが、その後の仕事の進捗には一顧も与えなかったから、ジョンソンは卿の支援を仰がない決意を固めた。55年（46歳）にいたって辞典は完成したが、実に8年半の歳月を費やしたこの仕事は、『オックスフォード英語辞典』の編纂主任ジェームズ・マレーによっても驚異的な偉業と評されている。収録された語数においては、ベイリーの辞典（1721年刊）に劣ったが、その長所は各語の定義の正確さ、文学的用例の豊富さにあり、特に各語の意味の微妙な含蓄の差を実例で示した該博な読書範囲の広さは、その最大の強みである。今日この辞典は、その「途方もない誤り」や「笑うべき不合理」やあからさまに個人的偏見を交えたいくつかの定義（「燕麦」oats を「イングランドでは通常馬に与えられるが、スコットランドでは人間をささえる穀物」という類）などを指摘されがちだが、これは辞書編纂史上不朽の記念碑である（"第A2章　ジョンソン博士の『英語辞典』の歴史的位置付け"参照）。

　辞書完成ののちチェスターフィールド卿はにわかにこれに称讃の辞を呈した。これに対し、いまでは時期が遅すぎるとしてジョンソンが痛烈

な書簡でこれに答えたのも、有名な話である。

『英語辞典』の完成も、なお彼を経済的苦境から救うにはいたらなかった。

　ところで、ジョンソンの辞書は1回きりの記念碑的な業績ではなかったことが最近の研究で分かった[27]。4分の1世紀以上にもわたって、ジョンソンはたえず辞書の改訂を考え続け、そこに採用する厖大な例文によって自己の思想を示そうとしていたことが明らかにされている。初版と4版を「読む」ことによって、われわれはジョンソン自身の精神的な変化、あるいは成長を見ることすらできるのである。大辞典の例文を取りかえるというのは大変な仕事であろう、ということは容易に想像がつく。

▫ シェークスピア全集

　この間ジョンソンはシェークスピア全集編纂の仕事を進めていた。1745年に計画され、56年に正式に発表されたこの仕事は、65年（56歳）にいたってようやく8巻となって出版された。ジョンソンは生涯シェークスピアの研究を続けたが、その態度は決して盲目的偶像崇拝者のそれではなく、その批判の基本には道徳的批判があった。教化よりも楽しませることにシェークスピアの主眼があったのが気に入らないのだった。編者としてのジョンソンは、第一にテキストの乱れを正し、第二に言葉の晦渋さを解明し、最後にシェークスピアの典拠を扱うのに原作者が用いたテキストに直接あたることを心がけた。

▫ ジェームズ・ボズウェルとの出会い

　1762年（53歳）、彼は、思いもかけず国王ジョージ3世から300ポンドの年金を賜わる旨の内意に接した。『英語辞典』のなかで「年金」という語を「国を売る代償に国家の雇われ者に与えられる金」と定義した彼としては若干の躊躇を感じたが、レイノルズ（Sir Joshua Reynolds、画家、ロイヤル・アカデミーの初代会長、1723–92）や首相ビュート卿らに相談したところ、過去の業績に対する贈与で、将来何かの代償を期

待してのそれではないと保証されて、これを受けることとし、やっと初めて経済的安定を得たのであった。

　翌1763年、ジョンソン54歳の時、偶然ジェームズ・ボズウェル（James Boswell, 1740.10.29–1795.5.19）という青年と知り合ったが、これはジョンソンの生涯にとっての一つの道標となった。

　ボズウェルはスコットランドに生まれ、エディンバラとグラスゴーの両大学で法律を学んだが、ロンドンの生活に強く憧れた。一つには有名人たちと会うこと、二つには自身著述家として名を成すことが、彼の野心であった。かねてジョンソンの『ランブラー』のエッセイに心酔していた彼は、ジョンソンと会う機会を得ると、初めジョンソンがよい顔をしなかったにもかかわらず、その熱意でジョンソンの好意をかちとった。彼はジョンソンの会話にも著書同様に感激した。彼の会話には力強さがあり、良識に満ちていると感じたからである。

　ジェームズ・ボズウェルは「熊」と綽名された無恰好なジョンソンの人物と学識に徹底的に惚れ込んで、彼の行くところ、どこにもついて行って一言一句も落とすまいと書きとめた。このボズウェルについて、ヘンリイ・グレアムのこんな記述がある。

　　　ボズウェルの妻は、相当頭もよく、威厳ということに対してもセンスがないわけでなかった。それで自分の夫が先生の前にペコペコへいつくばっているのを見て嫌悪の念を抱いていたとしても同情すべきことである。それで彼女は夫に文句を言った、『私は人間が熊を連れて歩くのはよく見たことがあるけれども、人間が熊に連れられているのを見たことはありません』と。この揶揄を聞いてボズウェルは『こん畜生め』と思ったものの、ユーモアを感じて喜んだことでもあった。――ヘンリイ・G・グレアム

　ジョンソンは彼に日記をつけることをすすめたが、われわれが現在ジョンソンについて詳しい知識を得ているのは、一にこのボズウェルの日記のおかげである。ジョンソンの言行は、ボズウェルにより『ジョン

ソン伝』として出版された。この伝記のおかげで、イギリス人全体の常識が形成されたと言われるくらいに影響力があったのである。

1764年（55歳）、ジョンソンはレイノルズの提案を快く受け入れて、いまなおロンドンのクラブ中、最も著名なものの基礎をつくった。「クラブ The Club」とのみ称されるクラブである。本来のメンバーは、ジョンソン、レイノルズのほか、エドマンド・バーク（Edmund Burke、哲学者、政治家、1729.1.12–1797.7.9）、トパム・ボークレア（愛書家）、ベネット・ラングトン（1737–1801）、オリバー・ゴールドスミス（Oliver Goldsmith、詩人、劇作家、1728.11.10–1774.4.4）であり、ボズウェルにとって9年後、そのメンバーに加えられたことは生涯の最も誇らかな瞬間の一つであった。

やがて1765年（56歳）、彼はロンドンの豪商でのちに代議士にもなったヘンリー・スレールとその夫人を知ることとなった。この夫妻は自邸をジョンソンがわが家のごとく使用するにまかせたから、彼は生涯で初めて、すぐれた書庫、知的な会話、美女、すばらしい料理などを自由に楽しむことができたのである。

常識人の国イギリスの形成

ボズウェルが『ジョンソン伝』で、ジョンソンの言行について克明に記述してくれたおかげでイギリス人は、抽象的なドグマなどではなく、大常識人であるジョンソンが折に触れて言った生活の知恵を知ることになったのである。いずれも平明な、常識的な、なるほどと思う言葉ばかりだ。この伝記のおかげで、イギリス人全体の常識が形成された面も少なくないとされているのである（"第A3章 ジョンソン語録"参照）。

イギリスは常識の国だ、紳士の国だという評判は18世紀中頃以前にはほとんど聞くことがない。その評判が高くなるのはやはりジョンソン以後のことのように見える。

『論語』は孔子という偉大な常識人が折に触れて述べたことを書き留めたものである。「こういう時には夫子（孔子）はこう言った」とか、「こういう質問には夫子はこう答えられた」というのが中身である。この点

ではジョンソンの伝記などもそれに近い。

　国民の大多数が読む「語録」のようなものがあることは、成熟した文明には好ましいことであろう。

　なおここで常識なる言葉を使ったが、これは英語のコモン・センスの訳語である。英語のセンスには知識の意味はなく、識別力を意味する。すなわちコモン・センスは、「常人でも持っている識別力」の意であって、「常人が持っているような知識」の意味はない。日本語の常識には、知識の意味も加わっている。ここではコモン・センスの意味で常識なる用語を用いている。

▫ ジョンソン語録の１例 [26]

　ジョンソンに、食に関する絶妙の一句がある。それは、

　　腹のことを考えない人は頭のことも考えない。

　ボズウェルの『ジョンソン伝』でこの箇所にあたるところは、1763年８月５日金曜日、ハリッジ行きの駅伝馬車に乗り、途中、コルチェスターで一泊した時のことである。ボズウェルは次のように叙述している。

　　この晩、夕食の席で、めったにない満足の情を示しながら、彼はよい食事について次のように語った。『愚かにも、自分の食べるものを気にしないことにしたり、気にしないふりをすることにしている者たちもいる。俺はと言えば、自分の腹のことを非常に慎重に、また非常に注意深く考えることにしている。というのは、俺の見るところによれば自分の腹のことを考えない人間は、ほかの何事についてもあまり考えようとしないものだからな』と。

　このコルチェスターの夜は、この名言を吐いた時、単に真面目であったのみならず、言い方に気合が入っていたとのことである。

ジョンソン博士はバランスの取れた人間だから、美味求真にひたすら走ることは好まない。別の機会にはそれを戒めるための名論文も書いている。

　食事についてもジョンソンのいうことには、いつもコモン・センスの意味の常識が輝いている。

　ボズウェルはしばしばジョンソンと食事を共にする機会があったが、御馳走が出たとき、ジョンソンぐらいうまそうに食べる人はついぞ見たことがないという。ボズウェルは、

　　　彼の食欲たるや、かくも激しく、またその食欲を満たさんとするやその精神集中度はかくも高かったために、食事の最中は、額の静脈がふくれ上がり、汗がじわじわと浮かんでくるのが見られるのが常であった。

と書いている。

▫ ピオッツィ夫人著『故サミュエル・ジョンソン博士の晩年の20年間の逸話』[26]

　ボズウェル以外の人でジョンソンの食物や食い方の証言をしているのは、前に紹介したことがあるピオッツィ夫人である。彼女は前の亭主（ヘンリー・スレール）との間に12人の子供を産み、夫が死んだあと、43歳の時にカトリックのイタリア人の音楽家と結婚しようとしたときには、娘たちも、ジョンソンも、また社交界もこぞって反対した。それにもかかわらず結婚し、イタリアで『故サミュエル・ジョンソン博士の晩年の20年間の逸話』という書名のジョンソン伝を書いたのであった。100ページちょっとくらいの薄い本である。しかしジョンソン死後2年ほど経ったばかりのイギリスの読書人たちは、競ってこの本に飛びついた。そして初版は即日売り切れ。

　この本の噂を聞いた国王ジョージ3世が、その本を取り寄せるため、

夜の10時に発売元の本屋に使いを出したところ、残部は1部もなかった。それで本屋は急いで友人に売った1部を取り戻して国王に献じた。国王はその本を手にすると、翌日まで待ち切れず、その晩は徹夜して読み上げたと伝えられる。

　この薄い本のためにピオッツィ夫人は当時としては破格な300ポンドを受け取り、本は、その年のうちに少なくとも4版を重ねた。

　彼女は、本来なら社交界から完全に葬られたはずなのに、颯爽と故国に凱旋するのである。正にジョンソンの御利益である。何しろ晩年のジョンソンを客人としてジョンソンを抱え込んでいた家庭の主婦の発言だから無視するわけにはいかない。社交界の集まりではどこでもこの『逸話』とボズウェルの『伝記』が話題になった。正に「死せるジョンソン、生けるイギリスの社交界を走らす」といった光景だ。

　ピオッツィ夫人はジョンソンの食事について次のように述べている。

　あの方が食事を愛されることは常ならぬものがございました。そして私に聞こえるところでも ── また聞かせて私を教育なさるおつもりだったのでしょうが ── よくこう申されました。「ディナーがろくでもない家庭は、貧乏なのか、貪欲なのか、それとも愚鈍なのかのいずれかだ。つまり、その家庭にはどっかひどく悪いところがあるのだ。というわけはほかでもない。人間というものは御馳走のことを考えるほど真面目にほかのことを考えることはまずはないことだからである。もしこのこともちゃんとできない人間なら、ほかのこともちゃんとできないと考えておいてよいのではないか」と。

　それである日のこと、あの方が食物のことを話題になさいました時に、私は「先生は食事のことで奥さんを怒るようなことはなかったのですか」とお聞きしましたところ、あのかたはこうお答えになりました。「それはよく腹を立ててどなったものじゃったよ（ジョンソン夫人は彼が43歳の時に死んでいて、彼は再婚しなかった）。あまりしばしばそれをやったもので、しまいにあれは、わしが食前の祈りをしようとしたら、こう言いおったわ。『あなた、食前の感

謝の祈りを神様に捧げるなんていう狂言はおよしあそばせ。どうせ4、5分もすれば、こんなもの喰えるか、とどなり出すんですから』とな。

　ピオッツィ夫人の観察によれば、ジョンソンの食物についての趣味は、非常にデリケートだったそうである。たとえば、骨から肉が落ちるまで煮込んだ豚の足とか、干葡萄と砂糖入りの仔牛の肉パイ、塩漬けしたランプ（牛の臀肉）の外側の切身などが好きであった。飲み物はとにかく強いのがよく、風味よりも飲んだあとの酔い方が大切なので、ポート・ワインに、はこね草の葉のシロップを入れていた。しかし死ぬ10年ちょっと前からは、一切の醸造酒から遠ざかったが、その代わりにココアをふんだんに飲んだ。それにたっぷりクリームを入れたり、バターを溶かしたのを入れたという。特に好きなのは果物で、朝食前に大きな桃を七つも八つも食べるのが普通であった。そしてディナーの後にも同じように食べるのである。
　またピオッツィ夫人が、鶉鳥はローストする時に臭うので嫌いだ、と友達に話しているのを聞いたジョンソンは、
「あなたはいつも非常に幸福だったので贅沢に慣れ、ディナーの前にそのにおいがしてくるのを楽しむという経験がないんですよ」
　とたしなめている。

▫ イギリス人たちに親しまれ、尊敬された大常識人ジョンソン
　ジョンソンはオックスフォード大学のペンブルック・カレッジに入学したが、4学期在学しただけで、経済的な理由で退学したのであるから何の学位も資格もなく、生活に苦労した。
　ジョンソンの『英語辞典』の扉にジョンソンは自身をオックスフォード大学文学修士と署したが、これは『ランブラー』の諸文章の宗教的、道徳的価値を認めて大学が贈った学位であった。
　ジョンソンはオックスフォードの友人たちを大事にし、何度か同地を訪ね、特に修士の学位を贈られた後はガウンの着用を喜んだ。

　なお『シェークスピア全集』の編纂が完成した1765年（56歳）、彼はダブリンのトリニティ・カレッジから法学博士の学位を受け、彼の母校も10年後にこれにならった。

　彼は、「ドクター・ジョンソン」と愛称され、広くイギリス人から親しまれた。

　彼は死去する1784年の7月には最後の中部地方の旅に出かけて、故郷リッチフィールドや母校オックスフォードその他で温かく迎えられたが、11月にロンドンに帰ったあと急速に弱って、同年12月13日に死去した。75歳であった。

　ジョンソンは、会話もすばらしいが、気質的には道徳家であり、職業的には作家であった。

　本屋に生まれた彼は、本を書いて生活の資を得、また本を読んで自分の思想と学識の幅を広めようと努めた。そして晩年の彼は、書物は生活の技術をこそ教えるべきものと考えた。

　生活の技術の好模範を残した点で、ジョンソンの右に出る者はいないとみなされている。

◆ 参考文献
ガリレオ関連

［1］「ガリレオが発見したふりこの等時性」NHK for school、2020。

ニュートン関連
［2］ウィキペディアフリー百科事典「アイザック・ニュートン」2020。
［3］渡部昇一「ハレー彗星（その2）」『アングロ・サクソン文明落穂集⑤』広瀬書院、2014。
［4］渡部昇一「オカルト時代」『アングロ・サクソン文明落穂集①』広瀬書院、2012。
［5］飯田真・中井久夫『天才の精神病理 ── 科学的創造の秘密』（自然選書）中央公論社、1972。

［6］ウィキペディアフリー百科事典「アイザック・ニュートンのオカ
ルト研究」2020。

ルソー関連
［7］ルソー（今野一雄訳）『エミール』（上）、2011。
［8］渡部昇一・稲田朋美「民主政権は国民も国政もなめている」
『WiLL』4月号

、2010。
［9］ウィキペディアフリー百科事典「ジャン＝ジャック・ルソー」
2020。
［10］ルソー（桑原武夫他訳）『社会契約論』岩波文庫、1954。

マルクス関連
［11］ウィキペディアフリー百科事典「マルクス」2020。
［12］ブリタニカ国際大百科事典「マルクス」第18巻、1973。
［13］渡部昇一「甲殻類の研究」『正義の時代』文藝春秋、1977。
［14］田中美知太郎「日本人と国家」『諸君！』1976年1月号。
［15］オタ・シク（篠田雄次郎訳）『新しい経済社会への提言』日本経営
出版会、1976。

ヒトラー関連
［16］ウィキペディアフリー百科事典「アドルフ・ヒトラー」2020。
［17］林健太郎『ワイマル共和国』中公新書、1963。

ヒューム関連
［18］ヒューム（土岐邦夫・小西嘉四郎訳）『人性論』中公クラシック
ス、2010。
［19］渡部昇一「不確実性時代の哲学」『新常識主義のすすめ』文藝春
秋、1979。

クラウゼヴィッツ関連

[20] クラウゼヴィッツ（清水多吉訳）『戦争論』（上、下）、中公文庫、2001。

[21] 渡部昇一『ドイツ参謀本部』クレスト社、1997。

[22] ジョミニ（佐藤徳太郎訳）『戦争概論』中公文庫、2001。

[23] 清水多吉『「戦争論」入門』中央公論新社、2017。

4次元同次図形処理関連

[24] Fujio Yamaguchi: *Computer-Aided Geometric Design—A Totally Four-Dimensional Approach—*, Springer-Verlag, 2002.

ジョンソン関連

[25] ブリタニカ国際大百科事典「ジョンソン」第10巻、1973。

[26] 渡部昇一「食談と語録」『読中独語』文藝春秋、1981。

[27] 渡部昇一「ジョンソン博士の辞書と新資料（その2）」『アングロ・サクソン文明落穂集⑥』広瀬書院、2016。

第12章　抽象の世界観をチェックする具象の世界観

　本書では、具象の世界観に相当する例として、ジョンソン博士が示した常識の世界観を挙げた。この常識とはもちろんコモン・センスの意、すなわち「常人でも持っている識別力、判断力」の意味である。

　18世紀前半ごろまでのイギリスでは、ルイ14世のフランスに絶えず劣等感を感じていたのであるが（"第A2章　ジョンソン博士の『英語辞典』の歴史的位置付け"参照）、ジョンソンが『英語辞典』を完成した頃になると、フランス何するものぞ、という自信が出てきた。

　ちらっと頭の中で思い出してみただけでも、イギリスという国は、世界に冠たる知の巨人の国であることがわかる。科学の分野では、自然のうちに存在する力学の原理を数学的に示したアイザック・ニュート

ン（1642–1727）、人類の進化という壮大な歴史を説明してみせたチャールズ・ダーウィン（1809–82）、哲学において最も基礎となる認識論を徹底的に分析し尽くしその極北を示した、デイヴィッド・ヒューム（1711–76）、経済学において市場原理を主張し、資本主義社会の発展をもたらしたアダム・スミス（1723–90）……などなどの錚々たる知の巨人達、すなわち本書でいうところの抽象の世界観の人物群とともに、一方ではサミュエル・ジョンソンのような大常識人、本書でいうところの具象の世界観の巨人も出現し、19世紀の頃のイギリス国民は常識もそなえた尊敬すべき紳士の国として、世界中から仰ぎ見られるようになったのである。

　ここで見落としてならないことは、この頃のイギリス人たちは自ら努力することを怠らなかったことである。

　サミュエル・スマイルズ（Samuel Smiles、作家、医者、1812.12–1904.4）は1859年、著書『Self-Help』を著し、序文中で「天は自ら助くる者を助く」として、努力することの大切さを説いた。イギリスの最盛期を示すビクトリア朝のことであったが、この書はイギリスで爆発的な売れゆきを示すベストセラーとして人々に迎えられた。

　なお『Self-Help』は明治4年、当時幕府の留学生だった中村正直によって『西国立志編』として翻訳、出版され日本でも100万部以上を売り上げた。

　ところで第2次大戦後のイギリスはどうであろうか。

　ひとたび社会主義の方向に足を踏み入れ、「揺り籠から墓場まで」の旗印のもとに過度な社会保障に突き進んだため、人間の"自助努力の精神"が失われ、非常識なほどに税金がかかってしまうなどなどの、イギリス病と言われる弊害に悩まされている。

　社会主義は、人間の持つ普遍的な価値概念の一つである、自助の精神を軽視した、すなわち"捨象"したことになる。これは、抽象の世界観が持つ危険性を示すとともに、具象の世界観、すなわちコモン・センスの大切さをも示していると考えられる。もし、しっかりしたコモン・セ

ンスが維持されていたならば、自助精神軽視のおかしさを認識、判断できるはずだからである。第2次大戦後のイギリスは、かつて世界的に尊敬された常識の国ではなくなってしまったのだろうか。

　ここに、抽象の世界観に対して、具象の世界観の持つ重要な役割、すなわち、

　　　コモン・センスによる識別力、判断力に基づいて抽象の世界観をチェックする働き

を確認しなければならない。

第13章　抽象の世界観と具象の世界観の概括

　第11章において、歴史上の8人の巨人たちが示した抽象の世界観と、1人の具象の世界観について調べた。本章では、それらを入念に考察した上で、抽象の世界観と具象の世界観の特徴について概括的にまとめてみよう。

　"事物（と表象）"の集合が与えられるとき、概念的に意味を持つあるものに"まとめ"上げたいという欲求は、抽象の世界観の態度である。"まとめる"ためには、まず大空を飛翔する鷲のような広い視野で、全体を展望する必要があるから、この態度は大局的である。大局的に見て、いかにそれらを総括的に把握し、"まとめる"かには人間の高度な知的行為を伴う。これは、現在の既知のものでは満足せず新しい何かを求めたいという革新的な気持ちから発するものであり、これまでには存在しない、発見的な結果や、新しい創造につながる強力性を有することが期待される。しかし革新的で斬新ではあるが、世の中の道理に反するとか、非人道的な要素のため、非常識なものとして、社会から排除されるべき、危険な創造もありうる。

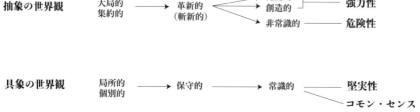

図13-1　抽象の世界観と具象の世界観

　一方、人によっては、または場合によっては、ある集合が与えられたとき、“まとめる”のではなく、“そのまま”の状態、すなわち個別的にしておいた方がむしろ好ましいのだと考える態度もある。これは、全体よりも、個々のものを重要視し、または大切にしたい気持ちにも通じる。この態度は具象の世界観である。

　具象の世界観は、個々のものを、あるがままに個別に観察しようとする局所的な態度である。これは、現状を肯定する態度でもあり保守的ともみなせよう。個々を味わい、鑑賞する態度であるから、常識的である。これには抽象の世界観の派手さはないが、しっかりと地に足をつけた駝鳥の足の堅実性がある。すなわち具象の世界観は、現実処理の能力、生活の技術などを重視し、堅実性と常識性（コモン・センスの意味）を有すると言えよう（図13-1参照）。

第14章　ビスマルク「愚者は経験に学び、賢者は歴史に学ぶ」

　ビスマルクの名言として、

　　「愚者は経験に学び、賢者は歴史に学ぶ」

　が知られている。

　ここではこの表現の意味するところを、本書の論ずる観点から考察してみたい。

　ビスマルク自身の最初の表現は、これとは違い次の表現であったとされている。すなわち、

Nur ein Idiot glaubt, aus den eigenen Erfahrungen zu lernen.

Ich ziehe es vor, aus den Erfahrungen anderer zu lernen, um von vorneherein eigene Fehler zu vermeiden.

愚者は自分の経験から学ぼうと思う。私はむしろ、最初から自分の誤りを避けるため、他人の経験から学ぶのを好む。

Fools say they learn from experience; I prefer to learn from the experience of others.

愚者は自分の経験に学ぶと言う、私はむしろ他人の経験に学ぶのを好む。

「愚者は経験に学び、賢者は歴史に学ぶ」とは、ビスマルク自身の表現の意を汲み取った簡潔で誠に適切な意訳であると思われる。

　ここに"経験"とは、ある一個人が実際に体験した特別なものである。人はある特定の両親のもと、特定の家族とともに生活し、特定の学校、職場に入り、特定の人間関係の中で人生を体験し、彼が得た特定の体験が彼自身の経験を構成する。別の個人であれば、他のまったく違った体験をし、それが経験となるであろう。すなわち経験は、人によりそれぞれ異なる。

　これに対し"歴史"とは、現在を生きる人だけでなく、外国の人々も含めて、過去から現在までに存在したきわめて多数の、さまざまな人々の残した経験の集合で構成される。

　多くの要素の集合体は、そこにある種の規則性、法則性、またはパターンが存在する可能性が生まれてくる。

さてここで一般的に、歴史とは何かを少し掘り下げて考えてみよう。

歴史（history）は個々の"史実"より成り立つ。しかし、"史実"のみによって歴史は構成されるのだろうか。

歴史には、history に含まれる story、すなわち物語性が含意されると考えるべきであると思われる。歴史は"史実"と、それにより表現される"物語"とにより成り立つものと考えられる。"史実"のみで構成されるとしたら、それは歴史資料集、年代記（chronicle）であり、まだ歴史（history）ではない。両者は区別されるべきである。

ここに"物語"とは、関連性を持つ一連の史実のつながりのことであり、史実の流れとして捉えることもできる。歴史とは、太古の昔から現在に至るまで続く、長いながい複雑にして巨大な大河のような"史実"の流れである。"史実"は過去の人間の行為・営みにより作られたものである。したがって史実にはその生成に関与した人間の意志が付随しているとも考えられよう。

歴史は自然現象ではなく、意志を持つ人間の物語である。その物語は、もちろん史実に適合しなければならないが、その物語のあり方は、歴史家によって異なって当然である。

歴史とはそれらの史実をまとめようとする、すなわち抽象化しようとする態度であり、そこには歴史の普遍的な法則性・パターン・知恵などという、高度な知識も含まれるであろう。これは単なるバラバラなままの資料集からは得られにくい種類のものである。

確かにビスマルクの言葉が表すように、歴史を学ぶことにより個人の経験よりはるかに多くの一般性のある知恵を獲得することができるだろう。さまざまな歴史家の異なる抽象化の仕方により、より豊かな歴史の知恵を獲得できる可能性がある。

上述の事柄は、これまで本書が一貫して論じた事柄、すなわち"抽象化"という歴史家の知的な行為から得られるメリットを言っているのであり、これは本書でこれまで論じた所論の範囲である。

すなわちビスマルクの表現は、"歴史"に注目して、抽象の世界観の強力さを述べているとみなせよう。

　ところで、これまでわれわれが主として用いてきた“空間”というものは、幾何的距離を次元とするものであった。ところが歴史とは、過去からの時間の経過による史実の流れを記述している。しかもこの流れは未来に対する方向性も暗示しているという点で未来をも対象としている。すなわち歴史はこれまで扱わなかった新しい次元の要素である“時間”を含んでいるのである。

　時間という次元も含む言葉である“歴史”をビスマルクが重視していることにも注目しなければならない。これまでの記述からもわかるように、確かにビスマルクは、先の先まで見通した上で行動した指導者であったし、まさに“これから先の時間的推移による未来を洞察する”ことがリーダーにとって重要であることを示している（テニスゲームをされる方は、“予測が大事”ということを直ちに理解していただけるだろう）。

　これまでわれわれは、主として距離という概念に基づく次元による幾何的空間について関心を払い、その４次元空間 (w, X, Y, Z) のもたらす、“空間的に広範な洞察力”を問題としてきた。

　しかしビスマルクの言葉は、さらに“過去からの流れに関する洞察力”の意味で時間 $"t"$ の次元も加えた５次元空間 $(t; w, X, Y, Z)$ で考えることが好ましいことを示しているとみなせよう。

　このように考えると、ビスマルクの警句：

　　「愚者は経験に学び、賢者は歴史に学ぶ」

は実に味わい深い内容を表していることがわかる。

　この短い語句の中に本書が表現しようとした事柄が圧縮され、表現されていると言ってもよいくらいである。

　さすがビスマルクである。

最終章　本書のまとめと結論

　本書は、“パート1”で紹介した4次元同次処理の成功には、一般の困難な問題解決のための本質的な原理が存在するとして、それを究明することを目的としたのである。

　“パート1”の結論は、3.3節における二重下線で示した文言に尽きる。これを次に再掲する。すなわち、

　　（4次元同次処理成功の意味すること）
　　<u>本来的には3次元の図形処理に対し、単に3次元ユークリッド空間で処理することは適切ではなく、4次元空間部分（無限遠点の集合）を加えた空間において処理することが適正である。</u>

　そこで本書の9.2、9.3、9.4各節の検討結果より判断して、図形処理において行ったと本質的に同じことを、われわれが現実に直面している諸問題に適用する場合に置き換えて表現すると、上の文章に相当する文は次のようになると思われる。すなわち、

　　（一般の困難な問題解決のために4次元同次処理が示唆すること）
　　<u>本来的には3次元の、困難な現実の諸問題に対し、単に“具象の世界観”で処理することでは十分でなく、“抽象の世界観”を加えて思考し、処理することが適正である、</u>

となる（“10.1節”、“10.2節”を参照）。
　ここに、具象の世界観というのは、現実処理の能力、生活の技術、コモン・センスなどを特徴とするのに対し、抽象の世界観とは、抽象、抽象概念を問題とし、これは本書の検討により分かったことであるが、4次元に関わる事柄なのである。したがってこの文章が意味することは端

的に言えば、本書主題「1次元高い世界（4次元）で考える」となる。

　以下には本書でこれまでに追求し導き出した主要な事柄を四つにまとめて示した。

　これらが、上の文章の意に沿ったものであるかどうかを、確認しつつ読み進んで欲しい。

　まずその前に、空間の次元の意味する内容をまとめ、確認しておくことから始めたい。

（「1次元高い世界で考える」の次元について）

　これまでわれわれは、メイズ・ガーデンの例に見るように、最初は幾何学的な距離を次元とした空間で、「1次元高い世界で考える」を問題とした。

　次に幾何的距離の次元の延長として、幾何的問題の数式処理の空間の次元を問題とした。

　さらに、"抽象の空間"の次元について考察した。ここにおいては4次元同次空間における4次元空間部分・3次元ユークリッド空間と"抽象の空間"・"具象の空間"とのそれぞれの対応関係より、"抽象の空間"は"具象の空間"より1次元高い空間に相当することがわかった（"9.2　4次元同次処理と普遍論争の関係"参照）。

　第14章では、ビスマルクの名句：

　　「愚者は経験に学び、賢者は歴史に学ぶ」

では、"歴史"という抽象概念を重要視しているとともに、時間の次元も問題視しているのである。

　これにも啓発され、われわれが関心を持つ次元には時間の次元も加えて考察するに至った。

　したがってわれわれの主題「1次元高い世界で考える」には、幾何的

距離に加え、時間と抽象の意味の次元も含まれるとする（なお抽象概念相互においても微妙な次元の差が存在する。例えば、"11.3.2項"で述べたように、"戦争"に対し"政治"は次元が高いと考えられる）。

15.1　イデア論の真実性の数学的証明

　プラトンのイデア論においては、（真の）実在であるイデアの世界とわれわれの眼前の世界である現象界の世界の関係が問題とされる。両者は、互いに異質な世界である。すなわちプラトンによれば、イデアの世界は思惟によって認識される世界であり、現象界の世界は感覚によって認識される世界である。

　プラトンは、現象界の世界は、その背後に存在するイデアの世界が投影された影のような、仮象の世界であると言う。

　現象界の世界は、数学的には３次元ユークリッド空間である（図15-1参照）。

　ところでわれわれの４次元同次空間は、４次元空間部分と３次元ユークリッド空間より成る。

　４次元空間部分と３次元ユークリッド空間は、互いに異質である。すなわち４次元空間部分は無限遠点の集合の空間であり、３次元ユーク

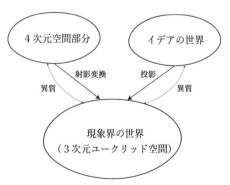

図15-1　イデアの世界・現象界の世界
　　　　と４次元空間部分・３次元
　　　　ユークリッド空間の関係

リッド空間とは異質である。

　また8.3節で示したように、一般射影変換によって、4次元空間部分は3次元ユークリッド空間に関係付けられる。

　以上の関係より、3次元ユークリッド空間から見て、その4次元空間部分に対する関係は、そのイデアの空間に対する関係と相似であることがわかる。このことは、イデア論が論ずるように、現象界の世界を超えたイデアの世界に相当する世界が存在する数学的な根拠を与える。

　すなわちプラトンのイデア論は、現象界の世界より<u>1次元高い世界（すなわち4次元の世界）</u>で考えれば、正しいということになる。「1次元高い世界で考える」を主張する著者は、紀元前4、5世紀においてすでに4次元的考え方を持って物事を考察していたプラトンの凄さに敬服する。

15.2　普遍論争における実在論の真実性の数学的証明

　プラトンのイデアの世界とは抽象概念を要素とする空間である。したがってイデアの世界の存在が証明されたということは、<u>1次元高い世界すなわち4次元で考えれば</u>、普遍論争における実在論の正しさをも示す。

　"9.1　普遍論争"の節において、現在における歴史書の見解を示した。すなわち、

　　……そして、時代とともに唯名論が優勢になったことは、理性的態度の伸長を示すものであり、それが近代科学や近代思想の誕生につながったのである。

とあり、時代とともに理性的態度が伸長し唯名論が優勢となり、実在論が否定されるようになったということを意味している。

　しかし本書の所論によれば、この見方は3次元の世界で考える範囲で

は正しいが、「１次元高い世界で考える」、すなわち思考の空間を４次元の世界に広めて考えるならば実在論は正しい、すなわち、抽象概念は実在するのである。

この議論をわれわれの感覚と対照させて考えてみよう。

人は、時にはモネやゴッホの絵を鑑賞して感動したいと思い、またはバッハやモーツァルトの美しい音楽に耳を傾け、心洗われる思いに浸りたいと思うこともあるだろう。

そのモネやゴッホやバッハやモーツァルトなどの歴史上の多くの芸術家は、"美"という抽象的なものの実在を確信しているから絵画の道に精進し、または作曲に打ち込むのだと考えられるのではないか。

または歴史上の多くの自然科学者や哲学者は未知の抽象的な"真理"というものの実在を信じて、全知を働かせてその追求のための研究に勤しむと考えられる。

このような"芸術の美"とか"自然界の真理"などの抽象概念を単に名前だけのものに過ぎないとする（唯名論）ことは、われわれの感覚からして不自然ではないだろうか。

または"幾何学における点"という大きさのない抽象的な概念も、それを実在として初めて幾何学が成立しているのである！　そして幾何学を利用した工学も成り立ち、われわれはその恩恵に現実に浴しているのである‼

唯名論に従えば、"幾何学における点"という抽象概念の実在性さえ否定されるのである。これもわれわれの感覚とは合致していないように思える。

しかしこのような問題は次のように考えれば解消されるのである。

抽象概念とは４次元の存在であることを思い出そう。したがって３次元的に考える限り、抽象概念は実在とはならない。しかし「１次元高い

世界で考える」として思考の世界を拡大し４次元の世界で考えれば、抽象概念は存在するのである。

　すなわち以上のことは、われわれの真に充実した生活にとっては、抽象概念に基づく考え方もとり入れることが大切であることを意味している。これによって、人間の生活はより充実した豊かなものになると考えられるのである。人間の真に幸せな、知的な生活のためには、抽象概念に基づく"抽象の世界観"を抜きにしては考えられないのではないだろうか。

　本書の主張は要するに、「１次元高い世界で考える」ことの大切さなのである。

15.3　本来的には３次元空間の問題を４次元空間で処理する哲学的意味とは何か？

以下、まず本書でこれまで追求してきたことを振り返る。

（問題の設定）

　本書の発端は、図形処理という分野、すなわち図形に関するさまざまな幾何演算をいかにコンピュータの使用により行うかを研究する分野に関する事柄であった。

　対象とする３次元の図形は、数学的には３次元ユークリッド空間に存在するので、当然のこととして３次元ユークリッド数学を用いて処理が行われてきた。しかしそこには、いくつかの解決不可能な問題が存在していたのである。

　ところが対象の問題を、３次元ユークリッド空間を含む、より大きな４次元の空間の処理として扱うと、従来存在していた困難な問題が、きれいな形で、すっきりと解決されたのである。

　実は従来の３次元図形処理に存在する大きな問題は、ゼロによる割り算（これは図形処理の立場では無限遠点を求めようとすること）をユー

クリッド数学では扱えないことにあることが分かったのである。そこで処理の座標を3次元ユークリッド座標から4次元同次座標に変更した。

この結果の新しい図形処理方式では、無限遠点の扱いが可能となり、演算から割り算が排除され、処理空間の次元が3次元から4次元になったのである。

すなわち新しい図形処理においては、従来の3次元ユークリッド空間に対しさらに、無限遠点を要素とする"4次元空間部分"が加わった形式の処理空間に拡大した。ここに無限遠点とはベクトル［ＸＹＺ］の方向の無限の遠方の点（0, X, Y, Z）である。"4次元空間部分"はこの意味のすべての無限遠点の集合の空間である。

ところで本書では、本来的には3次元空間に存在する困難な問題を4次元の問題に置き換えて解決するという数学上の事柄は、数学分野を超えて、より一般的な意味を持っているのではないかと想定したのである。

そこで、この問題を哲学的観点から考察することに主眼を置いた。すなわち、

本来的には3次元の空間の問題を、4次元の空間の問題に置き換えるということの哲学的な本質的意味はどういうことなのか、

ということであった。

（検討）

ところで、われわれの問題としている4次元の空間、すなわち4次元同次空間は、"4次元空間部分"と3次元ユークリッド空間とにより構成される（"3.1.3 4次元同次空間"参照）。すなわち、従来の図形処理が3次元ユークリッド空間において行われたのに対し、新しい図形処理は、3次元ユークリッド空間に対しさらに"4次元空間部分"を加えた空間において行われる（図15-2(b)参照）。この新しい処理方式を4次元同次処理と呼ぶ。

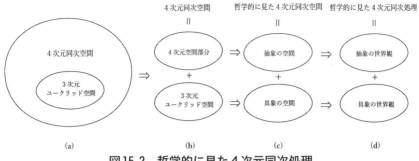

図15-2　哲学的に見た4次元同次処理

　さてわれわれは、4次元同次処理をプラトン哲学のイデア論に対比させ、さらに中世において行われた普遍論争の議論を利用することにより、4次元同次空間の"4次元空間部分"と3次元ユークリッド空間は、それぞれ、"抽象の空間"と"具象の空間"に対応させることができた（図15-2(c)参照）（"9.2　4次元同次処理と普遍論争の関係"参照）。ここに"抽象の空間"は抽象概念を、そして"具象の空間"は、具体的な事物や表象をそれぞれ構成要素とする。

（最終結論）

　この結論を改めて述べれば、4次元同次空間とは、従来の処理空間である3次元ユークリッド空間（具象の空間に対応）に対し、無限遠点を構成要素とする"4次元空間部分"、すなわち抽象の空間に対応する空間が加えられたものであるから、

　　本来的には3次元の問題を4次元で処理することは、端的に言えば、われわれの思考の活動に、"抽象"や"抽象概念"の強力さを取り込むことに相当する。

　本書では、広い意味の"抽象"の考え方（対象とする集合を"概念的にまとめようとする"）に基づく世界観を抽象の世界観、"具象"の考え方（対象とする集合を"そのままにしておく"）に基づく世界観を具象

の世界観と呼んでいる（図15-2(d)参照）。

この結論は抽象の世界観の強力さ、重要さを意味する。

15.4　"この世"の難問解決のための本質的原理を考える

われわれは3次元の"この世"の中で、現実に政治、経済、外交、……などなどのさまざまな困難な問題に直面している。

ところで繰り返すことになるが、図形処理の分野において、3次元の図形処理は当然なことであるが、3次元ユークリッド空間を用いて処理されていた。しかし、そこにはいくつかの解決不可能な問題が存在していたが、この本来的には3次元空間の問題を、それを包み込む、より大きな4次元空間における処理とした結果、従来の困難な問題がことごとくと言ってよいほど全面的にすっきりと解決されてしまったという事実があると述べた。

そして本書は本来的には3次元の問題を4次元の処理に置き換えることの本質的な哲学的原理は何なのかを追求することを目的とし、その結果は前節において、

　　　本来的には3次元の問題を4次元で処理することは、われわれの思考の活動に、"抽象"や"抽象概念"の強力さを取り込むことに相当する、

として示されたのだ。

それでは、抽象とは何か。
そこで抽象の定義を以下に再掲すれば、

　（抽象の定義）
　"抽象"とは、ある種の事物や表象の集合が与えられるとき、ある

種の概念（性質、共通性、本質）に着目し、それを抽き出して把握
することである。（抽象概念の発見）

　ところで抽象は、単に“ある種の概念を抽き出し、把握する”（抽象
概念の発見）に終わらず、“その把握された概念をある現実的に意味の
ある結果にまとめ上げる”行為に連なり得る点に注目する必要がある。
これが抽象の持つ重要な点である。

　ガリレオはピサの大聖堂のランプが大きく振れている現象を観察し
て、振り子の等時性という抽象概念を発見した。さらにガリレオは
研究を重ねて、振り子の周期に関する公式をまとめ上げたのである
（“11.1.1 ガリレオの科学”参照）。

　またマルクスは資本主義社会を考察し、資本家の経済的搾取により、
人間の本質である“労働すること”の喜びが奪われているとする人間疎
外という抽象概念を発見し、このためには資本主義を倒さなければなら
ないとし、マルクス理論という革命的政治観をまとめ上げるに至ったの
である（“11.2.2 マルクスの思想と哲学”参照）。

　抽象概念の発見の後、抽き出されたある抽象概念を、ある現実的に意
味のある結果にまとめ上げる行為を本書では、“抽象概念の総合”と呼
ぶ。

　抽象概念の発見までが狭い意味の抽象であり、抽象概念に総合という
行為が伴うとき、本書ではこれを広い意味の抽象という。

　システム工学の表現では、狭い意味の抽象までは、解析（analysis）
の態度、後半のまとめ上げることは総合（synthesis）の態度であって両
者の性格は異なる。

　それでは“抽象概念の総合”の結果はどうなのか。

（“抽象概念の総合”の結果）
　抽象概念の発見と総合は、知力の強い集中を必要とし、その結果
として、これまでには存在しなかった発見や、新しい創造につなが

る強力な効果を生み出す可能性を有する。しかしその結果は革新的で斬新ではあるが、非常識という危険性を含んでいる恐れも存在する。

　歴史上の知の巨人たちは、抽象概念の発見と総合に優れた人たちである。例えばガリレオの等時性、ニュートンの万有引力の法則、クラウゼヴィッツの戦争論など、彼らは一般に高く評価されている普遍的な抽象概念の発見と総合を行った。

　抽象とは強力な効果を生み出す思考のあり方である。

（抽象の"対象とする集合"）
　抽象するためには、"対象とする集合"が前提とされる。これは何を考え、何を問題としようとするかという目的に関連するものの集合である。
　上の説明では、"対象とする集合"は事物や表象の集合としてあるが、前節結論が示すように抽象の強力さを考慮すれば、このような感覚的な認識対象だけでなく、非感覚的な抽象概念も"対象とする集合"の中に含めるべきである。
　基本的には学問をよく学び、広い知識を持つことが、充実した、好ましい"対象とする集合"を持つことにつながるであろう。重要な抽象概念は学問の成果であるのだから当然な事である。

（広い視野をもって大局的に観察する）
　さて抽象とは、"対象とする集合"のある性質・共通性・本質に着目し、それを概念的に抽き出して把握することであり、そのためには広い視野を持って、対象全体を大局的に観察する態度が必要となる点に注意したい。このためには本章の最初でまとめたように、幾何的距離に加え、時間と抽象の意味の次元も含めた一般的な意味での「１次元高い世界で考える」の態度が大切である。

　以上が、問題解決のための本質的原理である、と本書は結論する。

　しかしその原理を知り、理解しただけでは、もちろん簡単に問題解決には結びつかない。

（強い問題意識を持ち忍耐強く対応する）
　強い問題意識を持ち続けることが非常に大切である。自分の当面する問題そのものをよく分析、理解、認識しなければならない。関係する学問分野の成果である既存の抽象概念を、“対象とする集合”の中に含め、抽象における観察の対象とするという習慣が大切である。
　問題意識がはっきりと整理されていれば、抽象を行うにあたっての概念化も、し易くなる。
　何度もなんども問題解決のための抽象行為のために、試行錯誤を忍耐強く繰り返すことになる。

（捨象の問題）
　抽象にあたっては、“対象とする集合”のある要素を考察の対象から除外する、すなわち捨象が必然的に伴う。
　本書で、繰り返し述べたことであるが、人間社会上の問題を対象とする場合には、国や時代が変わっても誰もが疑いなく価値を置いている普遍的な概念や道理が捨象されないように注意しなければならない（“10.4　抽象の世界観の満たすべき条件”を参照）。
　以上の議論より、問題解決の目的を達成するためには、

　　　抽象と捨象を繰り返し、発見的に、普遍的な価値概念や道理に則した、何らかの新しい抽象概念を発見し、それを現実的に意味のあるものにまとめ上げることが求められる。

（「4次元同次処理」に至る著者の個人的経験）
　誠におこがましいことであるが、著者が実際に「4次元同次処理」を

発見的に見出した経緯を、少しでも参考になればと思いここに述べさせていただく。

　1980年ごろ、図形処理という学問は多くの問題を抱えていた。著者は、その頃この分野の学問をまとめ上げ体系化したいという強い問題意識を持っていたのである。

　その頃、非常に関心を集めていた研究テーマの一つは、"集合演算"と言われるものであった。立体ブロック相互の論理的和、差、積集合の処理を行い、立体を積み木のような感覚で組み立てるための数式演算である。この演算は原理的に非常に厳しく、少しでも誤差があると、そのために処理が破綻し不安定になりかねないという問題が存在した。すでに"パート1"で述べたように、ユークリッド空間の演算においては、割り算は不可避であり、それによるわずかな切り捨て誤差が生じ累積する。したがって完全に安定な処理を実現することは理論的に不可能であった。

　当時コンピュータのプログラミングは、アセンブリ言語という、機械語に近い言語を使う非常に面倒な作業であった。著者は集合演算の研究に大変苦労したという記憶がある。何度もなんども面倒くさい作業を伴う試行錯誤を繰り返したのであった。

　著者は集合演算研究に苦労した経験から、本質的には割り算を必要としない演算方式というものはないものかという問題意識を長い間、持っていた。

"パート1"で紹介したように、例えば三つの平面の交差による交点の座標 (x, y, z) を求める過程では、最後に割り算を行って座標を求める。その形式は次のようになっている。すなわち、

$$x = B/a, \quad y = C/a, \quad z = D/a$$

　割り算を実行することが諸悪の根元であるのだから、実行しないで演算を打ち切りにして、分母を含めた、分子との数の組そのものを交点の座標とみなすことにした。すなわち、(x, y, z) の代わりに (a, B, C, D) を、交点に関する新しい形式の座標とみなしたのである。3次元の座標

は四つのデータ、言い換えれば4次元表示の座標 (a, B, C, D) で表すことができたのである。以後続いて行われる演算においては割り算に出会う度ごとに同様に、割り算を行わないで分母を第4の座標とみなす、ということを繰り返せばよいことになると考えていた。

　ところで1960年代の初期の頃米国の MIT において、図形処理における変換という処理の扱いに関して同次座標を導入し、非常に簡単な形式に記述表現し得ることが発表されている。著者もこれについては早くから知っており、簡潔で統一的記述の見事さ、美しさに強い感銘を受けていた。

　わが国のある研究者は、変換処理を高速に行うマトリックス乗算器の研究を行っていた。その人は彼の研究目的にとっては、「同次座標という表現方式があるが、特に有利になることはない」とみなしていた [[1] 139ページ]。この見解は著者にはよく理解できた。なぜなら当時のコンピュータ技術では、望まれる処理速度がまったく不十分でしかなかったのである。より効率的なマトリックス乗算器を実現するためには、演算回数を最少に減らす必要があったのであるが、同次座標は冗長な表現なのである。

　ところで著者の問題意識は図形処理分野全体の学問の統一化、体系化であり、著者はそのために割り算の必要のない演算方式を求めていた。あるとき前述の著者の工夫した座標とは4次元同次座標そのものであることに気付いたのである。すなわち著者は図形処理の処理空間として、4次元同次座標に基づく4次元同次空間を発見したのである（抽象概念の発見）。

　MIT においては、変換という限定された処理に対し同次座標を適用し成功したが、さらにこの考えを4次元の処理パラダイムとして発展させようとする雰囲気は存在しなかった。

　著者の関心は、図形処理という学問体系のあり方そのものにあったので、以後は一気呵成に、図形処理に関するあらゆる処理を同次座標に基づき4次元同次空間で行う方向で図形処理技術を体系化することによる、4次元同次処理の完成に突き進んだのである（抽象概念の総合）。

同次座標採用による処理の効率低下の問題に関しては、コンピュータ技術の進展に期待して、時間が解決してくれるだろうと達観していた。事実、現在では同次座標の処理の冗長性の問題は取るに足りない問題だ。

　著者の場合、図形処理にふさわしい処理空間の発見、言い換えれば「4次元同次空間」という抽象概念の発見によって、従来存在していたさまざまな問題点が解消され、図形処理という学問分野の体系化に貢献するという目標が一応は達成されたと個人的には考えている。

◆参考文献

［1］穂坂衛『コンピュータ・グラフィックス』産業図書、1974。

エピローグ

　執筆当初考えていた事柄は一応やり終えたという達成感は持つことができた。

　自分が在職中行った4次元同次処理の研究のことは、退職後も時々頭に去来していた。そしてプラトン哲学のイデア論を知ったときには、直ちに自分が研究で行ったことはプラトン哲学そのもののように思えた。

　本来的には3次元の事柄を4次元の問題として処理することにより問題の解決に至ったということは、漠然と何か基本的な思考原理と関係がありそうだと思っていた。しかしこの問題に対して実際に深く考えてみようとはしなかった。ところが今回の新型コロナ禍で家に閉じこもらざるを得なくなり、やっとこの問題に正面から取り組もうという気になったのである。だから小生にとってはコロナ禍、様々のような気もしている。

　しかし、考えを進め、書き進めていくうちに、とんでもないことになったという当惑感を持った。

　歴史上に登場した世界の巨人たちの、抽象の世界観、具象の世界観を批判的な立場から論じなければならないことになったのである。一介の工学研究者である著者が、専門外の分野のことを評価、批判しようなどというのは大胆極まりない無謀なことであることは重々承知している。しかし著書の論理的必然としてこのようにならざるを得なかったことを、ただただ甘受するのみである。これらのことは、適当に読み流していただきたい。本書が問題とすることは、あくまで、工学の問題から発した「1次元高い世界で考える」という思考形式について、哲学的な原理を見出し、その意味を解明するまでの論理的展開と最終的な結論にある。

　本書は最初から数学上の式が出てくるところからして異例である。本書を読んでいただくことを期待している哲学関係の方々にとっては、読みにくいであろうし誠に申し訳なく思う。しかし、そもそも本書執筆の

きっかけが数学上、工学上の事柄なのでご寛恕願いたい。

　しかしこのスタイルをとったおかげで、プラトンのイデア論や普遍論争における実在論の真実性が数学的にも証明されたという副産物も生まれたと著者は思い慰められている。

　本書執筆にあたっては実に多くの著書、論文にお世話になった。それらは各章末に参考文献として示してある。

　就中、故渡部昇一先生のものに大変お世話になった。先生の名著『ドイツ参謀本部』からは、多くを引用させていただいた。その他、先生の著書、論文からは非常に多くの影響を受けた。ここに特別の感謝を捧げる。

　さて、擱筆するにあたって、著者が思ったことは、

　　　　いつも生活の惰性のままに日常生活を送っているが、ときには非日常的な頭の働かせ方である「1次元高い世界で考える」を意識的に実行してみよう、

　ということであった。

　2021年　新型コロナの脅威未だ収まらぬ春たけなわ

山口富士夫

付　録

第A1章　ヒュームの思想と哲学に対する批判は信用できるか？

　ヒュームは認識論の分野において、分析できるギリギリの極北の位置に達した人であり、彼はその理論の結論を、自ら実際に英国通史を書き上げることにより、歴史の事実と突き合わせて確認したのである。彼は自分の学問上の成果に対し強い確信を持つに至ったと思われる。

　ヒュームが『英国史』を刊行したのは1761年のことである。それ以後これは、英国人による最初の本格的な英国通史として一世を風靡し、出版後数十年は、完全に標準的英国史として読書階級をほとんど独占的に支配したのであるが、その後、ほぼ完全に忘却の中に沈んでしまった。

　しかし最近になって再びヒュームが脚光を浴びようとしている。彼の英国史のみならず、彼の学問一般や、彼の人格そのものについても再評価されようとしている。

　それではどうしてヒュームは、人々の記憶から忘れられてしまったのだろうか。そこにははっきりとした原因が存在するはずである。

　以下は渡部昇一氏の論文より抜粋、引用する[1]。

　ヒュームは死ぬ4カ月ほど前に『自伝（*My Own Life*）』を出版した（1776年）。ここで彼は、若い頃の野心と金銭について率直に書いたのである。

『自伝』の中の、彼の文言のいくつかを拾い出してみよう。

　　▪自分の生家は名家の支流であるが豊かではなく、父は早く死んだ

が、次男である私にはスコットランドの慣習により分け前は僅少であった。したがって徹底的に節約した生活をやって資産不足を補い、何とか独立してやって行きたいと思った。

- 1745年にアナンデール侯爵家の家庭教師となり、1年住みこんだので、私のわずかな資産はかなり増加した。

- 1746年からの2年間、セント・クレア将軍の秘書官として海外に随行したが、この勤務中、つつましく暮したので、私は独立したと言える資産に達するに至った。具体的には1000ポンドに近い額を所有する身となった。

- 私の『英国史』が完成すると、私の印税収入は、かつてイングランドに知られているいかなる例をも、はるかに越える状態になってきた。私は単に独立したのみならず、富裕になってきた。

- 1763年、ハーファド卿に再三すすめられて、エディンバラの隠棲地から再び出てパリの大使館付秘書官になり、後には代理大使になった。3年後に再び哲学的隠棲のためエディンバラに帰ったが、ハーファド卿の好意で、3年前よりもはるかに多額の貯金と、はるかに多額の定収入を得ることになった。これは有り余る財産と言える。

- 1767年、コンウェイ将軍（ハーファド卿の弟）から招かれ、国務省の次官になった。2年後の1769年に私はエディンバラに帰ってきたが、年収1000ポンドもあり、極めて裕福になった。

と、こんな調子であった。ここに"独立する"と頻繁に述べているが、これは既述のように"不労所得で生活する"という意味である。彼が"独立"にこだわり続けたのは、これによってのみ、研究・著作のた

めの自由時間と、他人の思惑を気にしない言論の自由とが得られること
を、彼は若い時から洞察していたからである。

　ヒュームの野心は晩年までには十分達成され、パリの社交界でも人気
者となり、名声は日に日に高くなっていることをも『自伝』の中で自認
しているのである。

　ヒュームが文名を揚げようという野心を起こし、終世その目的を固持
したことは、褒められこそすれ、非難されるべき筋合いのものではな
い。しかし、名誉も富をも、人生計画通りに得た学者が、後世の人に褒
められるわけはない。事実、ヒュームに対する批判と非難が噴出したよ
うな観を呈したのであった。

　ヒュームに対する偏見を拡散することに成功したのは、同時代のジョ
ン・ブラウンである。彼はベストセラーになった自著において、ヒュー
ムを、「人気取りと金もうけに腐心した」人間として言及している。渡
部昇一氏は、小才は大才を嫉視し、小ベストセラー作者は大ベストセ
ラー作者を敵視したと見る。

　例のサミュエル・ジョンソン博士はヒュームを「愚鈍で悪者で嘘つ
き」と言ったが、ヒュームを“愚鈍”と言った人の批判は聞くに値しな
い。いかなるヒュームの批判者でも、彼の哲学的犀利さを認めないとい
うのはおかしいからである。この批判はむしろジョンソンのスコットラ
ンド人嫌いの表明として見逃した方がよいであろうと渡部氏はいう。

　またジョンソンの伝記を書いたボズウェルは、ヒュームにあっては
「虚栄こそが彼を魅了した愛人であり、一生彼の心を掴まえて離さず、
彼を支配し続けたものである」と評している。これは、ヒュームの『自
伝』に書かれている少年時代からの志を悪意により曲げたものとみなせ
る。

　近代にはいると、哲学史的にはヒュームの系統に属するとみなされる
ジョン・スチュアート・ミルも、ヒュームが“文　学　趣　味”の奴隷
になっていると非難し、また、不可知論という言葉と思想を普及させる
に力のあったＴ・Ｈ・ハクスレーは、完全にヒュームの思想的系列にあ
りながらも、その『ヒューム伝』において、ヒュームには“単なる有名

欲や世俗的成功欲"が多分にあったとし、このためにヒュームは青年の頃の哲学を捨てて、後に政治論や歴史に向かうようになったのだと推測している。つまりヒュームは哲学者として始まったが、虚名と金が欲しいため、それを得やすい分野の著作に乗り出し、哲学を捨てた、という主張である。彼の筆になる『ヒューム伝』（1879年）は、ヒュームの人格的欠陥を示したものとして広く受け入れられた。しかも彼の『ヒューム伝』が、「英国文人叢書」というイギリスの基準的評伝叢書の1巻に入ったことは、こうしたヒューム像の確立に大きな力があった。

　ハクスレーの描いたヒューム像の影響は大きかった。第2次大戦の少し前にヒュームについて書いたデンマークの学者クルーゼは、ヒュームは"文学的野心"に取りつかれて真理の探究に無関心になったと決めつけている。また戦時中にアメリカで出たジョン・H・ランドルのヒューム批判とは、「ヒュームは二つの目的のために物を書いた。一つは金をもうけるためであり、一つには文学的名声を得るためである」だった。

　以上のような事情が存在したために、ヒュームは人々の関心から遠ざけられていたわけである。

　もしヒュームが『自伝』の中でその文学に対する野心を語らず、売れた本の印税を語らず、財産報告をしなかったならば、その後の彼の評価はだいぶ違ったものになっていたであろう。

　ヒュームの極北的哲学が、彼の政治論、道徳論、経済論、さらには英国史とは関係あるのかないのかということになると、以前にはあまり問題にされなかった。「ヒュームは金と俗受けを求め哲学を捨てて文学に走った」というような批判者たちは、ヒュームの処女作『人間本性論』の第1巻だけが哲学で、その後のヒュームの著作はすべてこれと関係ないとする立場に立つわけである。

　しかし最近のヒュームの研究の成果がわれわれに示す重大な事実は、ヒュームの徹底した分析的認識論と、その後のいわゆる通俗的著作の間には亀裂がないということである。つまりヒュームの関心は、始終、人間の本性をあらゆる面から考察することであり、経験論の極北も、その

考察の一環であったことがますます明らかにされているようである。

　とにかく、最近になってヒューム再評価の傾向が出てきたことは誠に喜ばしいことである。

第A2章　ジョンソン博士の『英語辞典』の歴史的位置付け[2]

　ジョンソンの最大の著作である、『英語辞典』の歴史的位置付けに目を向ける。

　このためにはまず英語という言語がたどった歴史的経緯を調べておかなければならない。

　5世紀の半ば、今のデンマークおよびエルベ川下流地方にいたアングロ・サクソン・ジュート諸族はブリタニアに侵入し、先住のケルト族を征服してアングロ–サクソン七王国を建てた。これがイングランド王国の起源である。このような経緯があるので古英語というのはもともとドイツ語の方言だったのである。それにしても今のドイツ語と今の英語はあまりにも違っている。その理由とは、イギリスに渡ったドイツ人たちの言葉が約300年間一時的に消えていて、その後、地下水のように現れてきたという事情があったからである。その結果、英語はドイツ語みたいな言語とはすっかり変わってしまったのである。

　1066年のことである。フランスのノルマンディー公ウィリアムが王位継承権を主張してイングランドに上陸し、ヘースティングズの戦いでハロルド王を敗死させ、ウィリアム1世としてノルマン王朝（1066–1154）を建てた。この戦いは後片付けが3、4年も続いた。その結果イングランド貴族があらかた消えてしまい、その代わりを埋めるように、フランスから来た王様、貴族、騎士、教会関係者、裁判関係者、商人が国のほとんど上層を占め、フランス語の国になってしまったのである。文字を書く人、宮廷で喋る人、裁判を司る人、そのような人たちの使う

言葉が全部フランス語になってしまった。英語はすでに被支配階級だけの言葉、つまりアングロ・サクソン人の百姓だけの言葉になったのである。

　しかしその後、英仏百年戦争などを経験し、だんだんとイギリス人は国家意識というものに目覚めてきた。1066年に社会の表面から消えた英語は非常にゆるやかに上流社会の間で復活してくる。その国家意識の目覚めを示す象徴的な事件が、公式の場における英語の復活の処置である（1362年）。このようなわけで、1066年から1362年までの約300年間、イギリスにおいて英語は公式語ではなかったのだ。

　さて18世紀前半に活躍した『ガリヴァー旅行記』の著者スウィフトは絶えず英語に腹を立てていた。「英語にはいつも母音をちょん切って単語を短くする傾向があるが（could not を couldn't とするとか）、これは卑しい性である」とか、「英語はバレン（barren 不毛の）である」とか、「バーバラス（barbarous 野蛮な）である」とか、「イネレガント（inelegant エレガンスがない）」とか言って嘆いている。スウィフトの時代の教養人、詩人、作家の中で、英語の早急な改革の必要を説かなかった人は稀なくらいであった。

　確かに近世初頭に見られた英語の流動性はひどく、英語でものを書くことは砂上に文字を書くようなものという不安を抱かせた。フランシス・ベーコン（Francis Bacon: 1561–1626）のような大哲学者も、自分の著作を英語で書き残しておくことに大きな不安を感じ、ラテン語訳を作らせたのであった。

　どうしてそうなったのだろうか。

　当時にあっては、一国の文化と言語の中心となるのは宮廷であった。

　フランスでは、太陽王といわれたルイ14世（在位：1643－1715）のもと、ヴェルサイユ宮殿が建設され、ブルボン王朝は最盛期を誇っていた。啓蒙主義思想家ヴォルテールはルイ14世の治世を「大世紀」と称えている。

　17世紀のはじめ頃に設立されたアカデミー・フランセーズは、フランス語の整備に着々と成果を上げ、そこで作られた辞書は、万人を承

服させるだけの権威があったし、ルイ14世の宮廷は、マナーにおいて
ヨーロッパの基準であったのみならず、そこでは完璧で標準的なフラン
ス語が語られていた。

　一方イギリスはどうか。クロムウェルのピューリタン革命（1642－
49）によって、文化と言語の中心となるべき宮廷が断絶され、共和政と
なったのである。彼の死後に王政復古（1660年）が起こってチャール
ズ2世が即位したが、フランスで成長したこの国王は、イギリス人とい
うよりはフランス人であった。その息子のジェイムズ2世は追放され、
いわゆる名誉革命（1688－89）が起こった。その結果イギリスの王位
についたのはオランダ人のウイリアムであり、その次に王位についたア
ン女王の夫はデンマークの王子である。アン女王の子供がみな夭折し、
次に王位についたのはドイツのハノーバーから来たジョージ1世である
が（即位1714年）、この王は、そして彼についてきた家臣も英語は話せ
なかった。王制が復古した宮廷はこんな有り様であった。

　フランス文化の中心としてのルイ14世の王朝に比べると、イギリス
の王朝は文化的に何と貧寒としていたことであろう。その王たちは英語
さえもろくに話せない。これでは英語が蕪雑であっても仕方がないでは
ないか。

　そこでせめて英語がこれ以上ひどくならぬよう、フランスを模範にし
て、国語の規制と改良のためのアカデミーを作ろうというのが、17世
紀の中期以降イギリスの識者たちの悲願となった。流砂のごとき英語
を、しっかりとした大地のようにするには、アカデミー・フランセーズ
のような、国家の威光を背景にした機関の設立と国家による権威ある英
語辞書編纂が必要であると痛感されたのである。

　　　わが国には文法も辞書もなく、この広大な言葉の海をわたるため
　　の海図も羅針盤もない（英国国教会主教、ウイリアム・ウォーバー
　　トン、1747）

イギリスに先立つこと百数十年、イタリアとフランスは辞典編纂のた

めアカデミーを創設、何人もの人間を投入して半世紀近くをかけて辞典を次々に完成させていた。遅れをとったイギリスにとって、自国の由緒正しさを証明するものとしての英語を確認し、永久に確定するための辞典をつくることは、国家の急務であった。

　ところがイギリスではどちらも実現しないでおわった。

　英語アカデミーの設立案はいつの間にか忘れられ、辞書の方はサミュエル・ジョンソンという一私人と民間出版社によって『英語辞典』が、1755年商業ベースで作られたのである。サミュエル・ジョンソンは、ジョンソン大博士などといわれているが、市井の学者であって大学教授ではない。象牙の塔などに引きこもっていないでロンドンのコーヒー・ハウスで気炎を上げていた男であった。確かに18世紀頃からイギリス人の市民生活のあらゆる面に、“個”を志向した考え方が顕著であった。
　ジョンソン大博士の辞書だけではない。ジョージ・キャンベル（George Campbell: 1719–96）の『修辞学の哲学』（1776年）、マレー（Lindley Murray: 1745–1826）の『英文法』（1795年）など、いずれも個人が書いた著作が、何ら国家の権力を背景にすることなく国語アカデミーの役割を引き受けるに至ったのである。
　その頃になるとジョンソンはじめ多くの識者は、公立機関による国語規制の如きは、専制国家で国民が奴隷的な国ならいざ知らず、個人個人が権利意識にめざめた自由な国家では通用しないのだ、国立の英語アカデミーによる統制は、イギリス人の自由の精神（the spirit of English liberty）に反する、と昂然と言い切っている。つまりジョンソンらの目から見ればイギリスは民主的、大陸諸国は専制国家なのである。もっともジョンソンだって若い頃は英語を固定させることが必要だと考え、アカデミー・フランセーズのような機関を否定はしていなかったのであるが。
　このようにイギリス人の“個”に目覚め、“個”を大切にする姿を思うにつけ、アングロ・サクソン人に受け継がれている海国型の国民性を

思うのである。これはオッカムのウィリアムの唯名論以後に連綿と続く考え方の流れでもある。

　民主主義とは個人の意見の尊重であることは言うまでもないが、アングロ・サクソン人は体質的に民主的な考え方を持っていると思わされる。

　16世紀後半、イギリス人と同じ血の流れを持つオランダ人は、スペインに対する独立戦争をしていた。1581年、ユトレヒト同盟はスペイン王フェリペ2世の君主権を否認する「忠誠廃棄宣言」を発布した。この宣言こそは世界で最初の自由民権宣言であり、英国の名誉革命、フランス革命、アメリカ独立宣言の淵源をなすものであった。

　以下、その「忠誠廃棄宣言」を示す。

　　人間は君主のために神に創られたのではない。人間は、君主の命令が敬虔なものであっても背信的なものであっても、あるいは正しくても誤っていてもそれとは関係なく、君主の命令にしたがい、奴隷として君主に奉仕するために神に創られたものではない。反対に君主は、人民なしでは君主というものは存在しないのであるから、父が子にするように、牧人が羊にするように、正義と公平をもって人民を養い、保護し、統治するためにあるものである。

　　この原則に反して、その人民をあたかも奴隷のように統治しようとする者があれば、その者は専制者と見なされ、もし人民が謙虚な態度の懇願や祈りによっても元来の権利を保障できず、他に方法がない場合は、とくに各州の決議による場合は、その者を拒否し、または廃位させることが出来る。

第A3章　ジョンソン語録[3]

　以下には、ジョンソン語録のいくつかを示してみよう。

- ロンドンに飽きた者は人生に飽きた者だ。ロンドンには人生が与え得るものすべてがあるから。

- 死に方など、どうでもいいのだ。問題は、生き方である。

- 勤勉と熟達があれば、不可能なことなど、この世には、ほとんど無いのだ。

- 賢者は、すぐに許す。時の価値を知っているから、無駄な苦しみで時が流れていくのに、耐えられないのである。

- 希望それ自体は幸せの一種であり、おそらくこの世で得られる最大の幸せだ。しかし快楽の多くがそうであるように、行きすぎた希望は苦痛という代償がつきもので、度を超した期待は、失望に終わる。

- 多忙という威厳をまとった怠惰に、人は何よりもたやすくひきつけられる。

- もしある人が自分の不幸な出来事について話したら、そこには何か楽しんでいるものがあると思って差し支えない。何故ならば、本当に惨めさだけしかないとしたら、その人はそんなことを口にしないだろうから。

- 大偉業を成し遂げさせるもの、それは耐久力である。元気いっぱいに１日３時間歩けば、７年後には地球を１周できる。

- あらゆる出来事の最もよい面に目を向ける習慣は、年間1000ポンドの所得よりも価値がある。

- 今から１年もたてば私の現在の悩みなど、およそ下らないものに見え

248

るだろう。

▪ 短い人生は、時間の浪費によって、いっそう短くなる。

▪ 思慮分別は人生を安全にするが、往々にして幸せにはしない。

▪ 無知が故意の場合は、犯罪である。

▪ 結婚生活には苦しみが多いが、独身生活には楽しみがない。

▪ 家庭の幸福のために貯えられる金は、一番よい使い方をされる。

▪ わが家で安らかな幸せを味わう。それがすべての野心の目指す結末で
ある。

▪ 黄金のように貴重な瞬間の機会を大いに利用し、自分の手に届く限り
の善きものを掴み取ることは、人生における偉大なる芸術である。

▪ 節約無くしては誰も裕福にはなれないし、節約をちゃんと出来る者で
貧しいものはいない。

▪ 賢者には、二つのタイプがある。
一つは物事を知っている者。もう一つはそれをどこで見つけるか知っ
ている者である。

▪ 言葉とは、思想の衣装なのだ。

▪ 友情というのは、いつも修繕し続けなければならないものである。

▪ 自信は大事業を行うための、一番の必須条件である。

▪ 神様ですら、この世の終わりがくるまでは、人間を裁こうとはなさらないのだ。

▪ 困難というのはたいていの場合、自身の怠惰が原因である。

▪ 金を浪費する者、貯蓄する者は、共に最も幸せな人々である。なぜならば、両者ともその行いを楽しんでいるのだから。

▪ 腹のことを考えない人は頭のことも考えない。

▪ 単なる文人は頭が鈍いものだし、単なる実務家は自分の利益しか考えない。しかし文学と実務が結びついた時には尊敬に値する人間ができる。

◆ 付録参考文献

[１] 渡部昇一「不確実性時代の哲学」『新常識主義のすすめ』文藝春秋、1979。

[２] 渡部昇一『アングロサクソンと日本人』新潮選書、1987。

[３] ジェイムズ・ボズウェル（中野好之訳）『ジョンソン博士の言葉』みすず書房、2002。

山口　富士夫 (やまぐち　ふじお)

昭和10年10月、静岡県に生まれる。昭和34年、早稲田大学第一理工学部機械工学科卒業。以後、企業、研究所、九州芸術工科大学に勤務後、昭和61年より早稲田大学教授。この間、昭和53年より１年間、米国ユタ大学CS学科の客員准教授。平成18年より、早稲田大学名誉教授として現在に至る。工学博士。専門はCAD工学。

【著書】
『図形処理工学』（日刊工業、1981）、『形状処理工学[1]，[2]，[3]』（日刊工業、1982）、*Curves and Surfaces in Computer Aided Geometric Design*（Springer-Verlag、1988）、*Computer-Aided Geometric Design—A Totally Four-Dimensional Approach—*（Springer-Verlag、2002）など多数。

1次元高い世界で考える
—“この世”の難問解決のための本質的原理を考える—

2021年7月15日　初版第1刷発行

著　　者　山口富士夫
発 行 者　中田典昭
発 行 所　東京図書出版
発行発売　株式会社 リフレ出版
　　　　　〒113-0021　東京都文京区本駒込3-10-4
　　　　　電話 (03)3823-9171　FAX 0120-41-8080
印　　刷　株式会社 ブレイン